“十二五”国家立项重点专业和课程规划系列教材

生物工程专业类实践教学系列教材

应用微生物学实验

张　恒　总主编

赵玉萍　方　芳　主　编

东南大学出版社

·南京·

内 容 提 要

微生物学实验是一门实践性课程，实验教材是指导学生上好实验课的重要工具。作为国家特色专业、江苏省重点专业类建设成果和江苏省高等教育教学改革重点项目研究成果，本书内容着重训练学生微生物学实验的基本操作和技能，同时适当增加了一些与当前生产实践、生物工程应用有关的新技术。

全书包括微生物学实验须知，微生物显微及染色技术，微生物的分离纯化、培养和保藏技术及设计型、综合型和探究型实验几部分。本书具有简明扼要、实用性强的特点，并注意突出对学生独立工作能力的训练和培养。

本书可作为高等院校微生物学基础实验课教材，此外也可作为从事微生物工作的有关教学及科研人员的实验参考书。

图书在版编目(CIP)数据

应用微生物学实验 / 赵玉萍，方芳主编. —南京：东南大学出版社，2013.11

"十二五"国家立项重点专业和课程规划系列教材

生物工程专业类实践教学系列教材/张恒总主编

ISBN 978-7-5641-4570-5

Ⅰ.①应… Ⅱ.①赵… ②方… Ⅲ.①微生物学—应用—实验—高等学校—教材 Ⅳ.①Q939.9-33

中国版本图书馆 CIP 数据核字(2013)第 235864 号

应用微生物学实验

主　编	赵玉萍　方　芳	**责任编辑**	陈　跃
电　话	(025)83795627/83362442(传真)	**电子邮箱**	chenyue58@sohu.com
出版发行	东南大学出版社	**出 版 人**	江建中
社　址	南京市四牌楼 2 号	**邮　编**	210096
销售电话	(025)83794121/83795801		
网　址	http://www.seupress.com	**电子邮箱**	press@seupress.com
经　销	全国各地新华书店	**印　刷**	江苏省测绘院印刷厂
开　本	787 mm×1092 mm　1/16	**印　张**	7.25
字　数	181 千字		
版 印 次	2013 年 11 月第 1 版　2013 年 11 月第 1 次印刷		
书　号	ISBN 978-7-5641-4570-5		
定　价	16.00 元		

本社图书若有印装质量问题，请直接与营销部联系。电话：025-83791830。

序

生物工程是20世纪70年代初开始兴起的一门新兴的综合性应用学科，该学科是以生物学特别是微生物学及生物化学的理论和技术为基础，结合化工、机械、电子、计算机等现代工程技术，充分运用分子生物学的最新成就，自觉地操纵遗传物质，定向地改造生物或其功能，通过合适的生物反应器对这类“工程菌”或“工程细胞株”进行大规模的培养，生产大量有用代谢产物并发挥其独特生理功能。目前，生物工程技术已广泛渗透到食品、医药、农业、环境、化工等领域，它的广泛应用使传统食品、发酵、饲料等工业领域的生产工艺与手段发生根本性变革。

根据江苏省“十二五”规划纲要以及十大战略性新兴产业重点发展要求，淮阴工学院实施建设了生物工程重点专业类。该专业类是由生物工程、食品科学与工程、食品质量与安全三个专业组成。在重点专业类建设中，我们始终坚持以满足经济社会发展需求为导向，以提升专业人才培养质量为目的，以国家特色专业建设点、江苏省特色专业——生物工程核心专业为基础，将学科基础、知识结构体系、行业技术基础、教学资源相近的食品科学与工程、食品质量与安全专业进行深度交叉融合，作为专业类重点建设的目标，以带动相关专业整体水平的提高。

生物工程类相关专业学科基础和实践环节是在同一平台上实施的，首先，它可以起到深化专业交叉融合、拓宽专业面、增强适应性、拓展应用领域、相互促进、共同发展的作用，并使得相关专业的建设得到较快、全面的提升，形成较完整的专业类特色。其次，在搭建有效地实践教学大平台上，可实现平台资源共享。其三，注重专业间的交叉渗透融合，发挥专业类建设的优势，为区域经济建设提供强有力的人才支撑。

工科专业实践性很强，实践教学占有相当重要的地位。按照人才培养要求，除了在办学定位、人才培养模式、实践教学平台构建等方面凸显工程特色以外，与之匹配的工程类系列教材是不可缺少的。现有的课程实验教材基本沿用传统的课程理论教学体系，工程特色不明显，尚缺乏能覆盖专业所有实践环节、知识点全面、规范性、凸显应用型的实践教学系列教材，且适合于认识实习、生产实习等实践环节的教材则很难寻觅。建设与工程实践环节匹配的系列教材，是解决上述矛盾的有效途径。

《生物工程专业类实践教学系列教材》是由《应用生物化学实验》、《应用微生物学实验》、《生物工程专业类实习指导书》和《生物工程专业类专业实验》等四册教材构成，涵盖专业基础课、专业课、工程实习、综合训练、毕业设计等专业实践教学各环节，是国家特色专业建设成果、江苏省重点专业类建设成果和江苏省高等教育教学改革重点项目研究成果。本系列教材以应用型人才培养为目标，以生物工程、食品工程、制药工程、环境工程、新能源科学与工程（生物质能）等工科相关专业为对象，以基本理论、知识、技能以及思想性、科学性、先进性、启发性、知识性为要求，融入了编者的教学经验和部分科研成果，突出地方本科院校的应用特征，力求实现教材内容的准确性、系统性、实用性和新颖性。

本系列教材的编写和出版是一次尝试，难免会出现疏漏和错误，恳请读者提出批评意见，以便今后修改和订正。

总主编　张恒

2013 年 10 月

前　言

微生物学实验是一门实践性课程。本教材通过一系列的实验，使学生掌握微生物学实验的基本操作、基本技能，培养学生的实验设计思路，提高实验操作水平和数据分析的能力，并将所学的微生物理论知识有机结合起来，为微生物的实际应用打下坚实基础。而实验教材是指导学生上好实验课的重要工具。近年来，随着微生物学的迅速发展及其在多个领域的不断渗透，无论在理论研究还是在实际应用，尤其是微生物学教学改革的实施，新的培养目标和教学大纲的要求等方面，都要求有更实用和新颖的微生物学实验教材做基垫。

本教材以本科应用型学历教育为特定目标，以生物工程、食品科学与工程、农业工程、制药工程、环境工程等工科相关专业为特定对象，融入了编者的教学经验和部分科研内容，突出微生物学基础理论的应用特征，力求使教材内容体现新颖、简明扼要、实用性强的特点，并注意突出对学生独立工作能力的训练和培养，着重训练学生微生物学实验的基本操作和技能，同时适当增加了一些与当前生产实践、生物工程应用有关的新技术。目的在于编出适合现在教学改革特点、适合现代教学方式与学习方法、给学生提供高水平知识源泉的教材。本教材是国家特色专业建设成果、江苏省重点专业类建设成果和江苏省高等教育教学改革重点项目研究成果。

全书共有22个实验，分四部分，包括微生物学实验须知，微生物显微及染色技术，微生物的分离纯化、培养和保藏技术及设计型、综合型和探究型实验。本书第一部分主要介绍微生物实验所需的常用器皿和仪器，以及注意事项，同时列出了一些染色液及培养基的配方。第二部分主要介绍了光学显微镜和电子显微镜的使用，细菌、放线菌、酵母和霉菌形态观察的方法，以及测定微生物大小和数目的方法。第三部分主要介绍了培养基如何配制、消毒和灭菌，微生物的接种技术和培养特征观察，以及如何分离纯化和保藏微生物。第四部分为设计型、综合型和探究型实验，涉及内容较广，主要包括检测、培养或观察一些食品、农业和环境工程中的微生物。通过这些实验，可以提高学生的创新意识和创新能力，有利于培养学生的动手能力和实际应用能力，有利于提高学生的综合素质。书中的各个实验相对独立，可根据具体情况酌情选做，也可作为从事微生物工作的有关教师及科研人员的实验参考书。

本教材编写人员多年从事微生物学理论与实验教学，具有丰富的工作经验。全书由赵玉萍和方芳编写，在编写过程中，参考了许多国内外出版的书籍、网站的相关内容，同时得到淮阴工学院生命科学与化学工程学院领导和教师们的大力支持，并提出了许多宝贵的意见和建议，使得编写工作得以顺利完成，在此一同表示感谢。

限于编者的水平，书中难免存在不当之处，请批评指正。

编　者

2013 年 10 月

目 录

第一章　微生物学实验须知

一、安全注意事项

(1) 使用显微镜和其他贵重仪器时，应事先熟知操作规程，要细心操作，特别爱护。遇到仪器故障时请任课教师帮助解决，切勿擅自拆卸。对消耗材料和药品等要力求节约，用毕后仍放回原处。

(2) 实验过程中，切勿使乙醇、乙醚、丙酮等易燃药品接近火焰。如遇火险，应关闭电源，用湿布或沙土阻燃灭火，必要时使用灭火器。

(3) 实验时小心仔细，全部操作应严格按操作规程进行，万一遇到盛有菌的试管或三角瓶不慎打破、皮肤破伤或菌液吸入口中等意外情况发生时，应立即报告指导教师，及时处理，不得隐瞒，以免酿成后患。

(4) 每次实验需进行培养的材料，应标明自己的组别及处理方法，放于教师指定的地点进行培养。未经教师同意，实验室中的任何菌种和物品不得携出室外。

(5) 每次实验的结果，应实事求是填入报告表格中，有疑难问题向教师求教。对于需要连续观察的实验，则需记下每次观察的现象和结果，以便进行综合分析。

(6) 每次实验完毕后，必须把所有的仪器抹净放妥，将所用玻璃器皿清洗干净，放回指定地点，将实验室收拾整齐。如桌面或其他地方被菌液污染时，可用 3%来苏尔液或 5%石炭酸液覆盖 1.5 h 后擦去，如芽孢杆菌，应适当延长消毒时间。凡带菌之工具(如吸管、塑料吸嘴、玻璃刮棒、染色涂片等)在洗涤前须浸泡在 3%来苏尔液中进行消毒后再清洗。

(7) 离开实验室之前将手洗净，注意关闭门窗、水、电和气等。

二、微生物检验员工作职责

(1) 按标准对成品、原料、辅料进行取样，做好取样记录，进行微生物限度实验。

(2) 按《中国药典》及公司质量标准对厂房、设备等硬件设施定期进行微生物监测。

(3) 按照检验标准及岗位标准作业程序(Standard Operation Procedure，SOP)，对微生物进行检验。

(4) 对仪器、试剂的使用做到规范操作和登记，对实验过程进行记录，保证检测结果的准确性。

(5) 定期对微生物实验的检测数据进行统计分析。

(6) 负责微生物实验室的卫生维护，仪器和试剂的购买申请。定期维护和保养仪器设备；负责微生物检验用培养基、稀释液等的配制，消毒和贮存。

(7) 严格遵守安全操作规程，认真做好安全防护工作，确保安全检测。严格执行国家菌种和有毒菌种管理规定，认真登记，按期传代、鉴定。做好有关检验记录，制定严格的有毒菌种管理细则，防止意外事故发生。

(8) 做好相关验证工作，包括检查相关仪器、设备验证方案、微生物检查分析方法验证方案的执行，验证项目数据汇总，配合品质保证(Quality Assurance，QA)进行相关验证项目的实施等。

(9)做好生产质量管理规范(Good Manufacturing Practice，GMP)文件管理工作，包括微生物检验标准操作规程的起草，所用仪器、设备标准操作规程的起草，相关记录格式的起草等。

三、微生物实验室常用器皿

微生物实验室常用器皿有培养皿和锥形瓶(用于微生物的培养)、试管(用于微生物的保存和菌液的稀释等)、吸管(用于吸取菌液)等，使用前一般需经洗涤、包装、灭菌(干热或湿热)后才能使用，因此对其质量、洗涤和包装方法均有一定的要求。一般玻璃器皿选用硬质玻璃方可耐受高温(121 ℃)、高压(0.1 MPa)和短时火焰灼烧，以下对实验常用器皿的类别、规格和使用进行介绍：

1. 试管(test tube)

微生物学实验所用的试管为直口(勿使用翻口，以防止外界空气进入造成污染)；盛装培养基时需加盖棉塞或塑料帽、铝帽、硅胶泡沫塑料塞。

根据用途和大小(一般是用管外径与管长的乘积来表示)分为三种：

(1) 大试管(18 mm×180 mm)：可用于盛装制平板的固体培养基；制备琼脂斜面；盛装液体培养基。

(2) 中试管(15 mm×150 mm)：可用于制备琼脂斜面、盛液体培养基，也可用于菌液、病毒悬液的稀释及血清学试验。

(3) 小试管(10～12 mm×100 mm)：一般用于细菌或酵母菌的糖发酵试验或血清学试验。

2. 烧杯(beaker)与三角烧瓶(erlenmeyer flask)

常用的烧杯容积分别为 50 mL、100 mL、250 mL、500 mL 和 1 000 mL 等，主要用于配制培养基和各种溶液。三角烧瓶的容积有 100 mL、250 mL、500 mL 和 1 000 mL 等，主要用于盛装无菌水、琼脂固体培养基和液体培养基。

3. 培养皿(petri dish)

在微生物学实验中，培养皿是进行微生物培养、分离纯化、菌落形态观察、菌落计数、遗传突变株筛选、噬菌斑形成、基因工程菌株筛选等最常用的器皿。培养皿材质基本上分为两类，主要为塑料材质和玻璃材质。塑料可能是聚乙烯材料，有一次性的和多次使用的。培养皿(图 1-1)由一个底和一个盖组成。一般常用的培养皿，皿底直径 90 mm，高 15 mm，皿盖和皿底均为玻璃材质。用于抗生素生物效价测定时，培养皿不能倒置培养，为防止培养时皿盖冷凝水滴下，需选用陶瓦盖。

图 1-1 培养皿

4. 德汉式小管(Durham tube，又称杜氏小管)

一种用于观察细菌在糖发酵培养基内产气情况的小套管(6 mm×36 mm)，倒置于盛有液体培养基的试管或三角烧瓶内(图 1-2)。

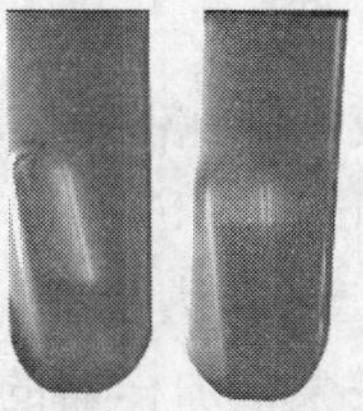

图 1 - 2　杜氏小管

图 1 - 3　Eppendorf 管

5. Eppendorf 管

这类管又称小塑料离心管(图 1 - 3)。有多种型号，如 0.2 mL，0.5 mL，1.5 mL，2.0 mL。主要用于微生物分子生物学实验中少量菌体的离心、DNA 和 RNA 的提取等。

6. 吸管(pipette)

(1) 玻璃吸管(glass pipette)

微生物学实验室常用的刻度玻璃吸管为：0.1 mL、1 mL、2 mL、5 mL、10 mL和 25 mL，是一种精密计量液体的仪器，用于吸取菌悬液或其他溶液(图 1 - 4)。

刻度玻璃吸管的使用方法：

① 使用前　观察吸管有无破损，污渍。观察吸管的规格：所用吸管的规格应等于或近似等于所要吸取溶液的体积。观察有无"吹"字：若有，说明刻度到尖端，放液后需将尖端的溶液吹出，否则不吹。

② 握法　拇指和中指夹住吸管，食指游离。

③ 取液　垂直入液，入液深度适中，洗耳球吸取，取液高度高于刻度 2～3 cm，食指按紧吸管上端，刻度吸管提离液面，观察液内无气泡，则擦净管壁。

④ 放液至刻度　刻度吸管垂直，右眼与刻度线平行，轻轻松开食指(转动刻度吸管)，使液面缓慢降低，直至最低点与刻度线相切。

⑤ 放液至容器　刻度吸管垂直，容器倾斜 45 ℃，使溶液自然流入容器，注意吹与不吹。

⑥ 一根吸管只吸取一种试剂，用后立即浸入水中。

刻度玻璃吸管的读数方法：

① 在吸液与读数时保持吸管垂直。

② 读数时保持液面与双眼成一水平线。

③ 液体在吸管中因表面张力作用会形成一个凹面，读数时要取凹面底部的数值。

注意在吸取不计量的液体，如染色液、离心上清液、无菌水、少量抗原、抗体、酸、碱溶液等可用具乳胶头的毛细吸管，即滴管(图 1 - 5)。

图 1 - 4　玻璃吸管

图 1 - 5　滴管

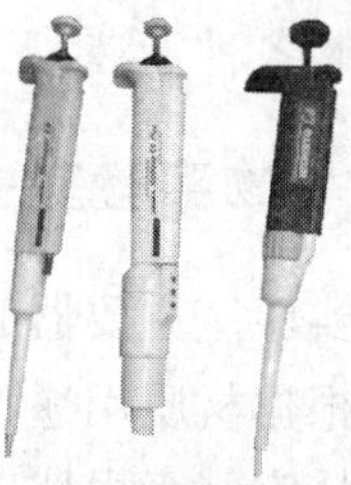

图 1 - 6　微量加样器

(2) 微量加样器(micropipette)

微量加样器又称微量吸管(图 1-6),用于吸取微量液体,规格型号较多,每种在一定范围内可调节几个体积,并标有使用范围,如:1～10 μL、2～20 μL、20～100 μL 等。加样器只能在特定量程范围内准确移取液体,不可超过量程使用,如超出最低或最大量程,会损坏加样器并导致计量不准。使用时:① 将合适的塑料吸嘴(tip)牢固地套在微量加样器的下端;② 旋动调节键,使数字显示器显示出所需吸取的体积;③ 手握移液器,大拇指按下按钮,直到遇到一个阻力即第一止点位置,将加样器垂直浸入液面 2～3 mm,然后缓慢平稳地松开拇指,慢慢吸入液体,注意不要有气泡,尽量避免使用加样器吸取腐蚀性液体,防止由于过快吸入造成腐蚀性液体溅到加样器杆上,造成加样器被腐蚀;④ 释放液体:将枪头头部靠在容器壁上,并保持 10～40°倾斜,平稳地把按钮压到第一停点,即第一阻力点,停 1～2 s,继续按压到第二停点,排除残余液体;⑤ 提起加样器,同时松开按钮,使之回到起始位置;⑥ 按压卸枪头按钮去除吸头,将吸头弃在废液缸内;⑦ 使用完毕,将加样器调到最大量程,这样有利于加样器的保养。

注意:改用不同样本时必须更换吸头。移液器必须卸下枪头后才能放到桌面上,防止吸头内未释放完的液体回流至移液器内。微量移液器应每年做定期校准,以保证其精确性。

7. 载玻片(slide)与盖玻片(cover slip)(图 1-7)

普通载玻片为长方形,大小为 75 mm×25 mm,常用于微生物涂片、染色进行形态观察及免疫学中的凝集反应等。盖玻片是盖在载玻片上的材料,可以避免液体和物镜相接触,以免污染物镜,并且可以使被观察的细胞最上方处于同一平面。

凹玻片是在中央有一圆形凹窝的厚载玻片(图 1-8),用于制作悬滴片进行细菌运动的观察或微室培养等。

图 1-7　载玻片与盖玻片

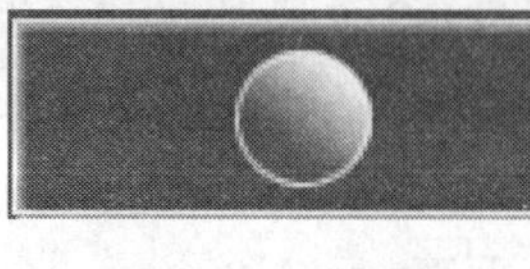

图 1-8　凹玻片

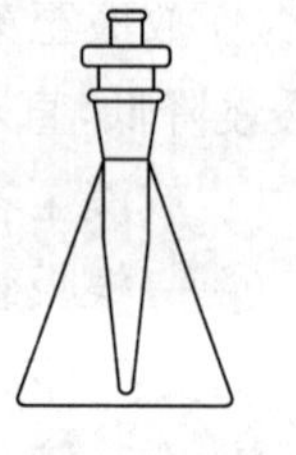

图 1-9　双层瓶

8. 双层瓶(double bottle)

由内外两个玻璃瓶组成(图 1-9),内层小锥形瓶内盛香柏油,滴加在细菌经染色后的涂片上,进行油镜观察。外层瓶盛有二甲苯,用于擦拭油镜头。

9. 滴瓶(dropper bottle)

用来盛装各种染液、无菌水等。

四、微生物实验室主要器皿和用具的洗涤方法

微生物实验室主要器皿、用具按材质主要分为四种:玻璃器皿、塑料橡胶器皿、金属用品、搪瓷制品。根据材质用途不同,洗涤也不相同。实验室人员必须按照正确的方法洗涤,才能使实验用品保持完好无损坏以及保证实验结果准确。微生物实验室玻璃器皿主要有:培养皿、刻度吸管、玻璃棒、载玻片、盖玻片、烧杯、量筒、锥形瓶、胶头滴管、试管、表面皿等。实验室塑料

橡胶器皿主要有:移液器、吸头、橡胶塞。实验室金属用品主要有:药匙、接种环、镊子、剪刀、试管架、平皿筒、不锈钢滚珠、刀片、消毒盒、铝箔纸。实验室常用搪瓷制品是蒸发皿。

(一) 常用清洁剂和洗液

1. 清洁剂及适用范围

主要有:肥皂、洗衣粉、洗洁精。可用于用刷子直接刷洗的器皿,如培养皿、烧杯、锥形瓶、玻璃棒、试管、表面皿等。如污物较难清洗,可用温水加上清洁剂浸泡一段时间,再进行刷洗。

2. 洗液特性及配制方法

对于不使用毛刷清洗或清洗不干净的器皿或较精密的量器,可配制下述清洗液进行化学清洗。

(1) 强酸氧化剂洗液

① 配制方法:用重铬酸钾($K_2Cr_2O_7$)和浓硫酸(H_2SO_4)配成。配制浓度各有不同,从5%～12%的各种浓度都有。配制方法大致相同:取一定量的$K_2Cr_2O_7$(工业品即可),先用约1～2倍的水加热溶解,稍冷后,将工业品浓H_2SO_4所需体积数徐徐加入$K_2Cr_2O_7$溶液中(千万不能将水或溶液加入H_2SO_4中),边倒边用玻璃棒搅拌,并注意不要溅出,混合均匀,等冷却后,装入洗液瓶备用。新配制的洗液为红褐色,氧化能力很强。当洗液用久后变为黑绿色,即说明洗液无氧化洗涤力,但可加入固体高锰酸钾使其再生。

② 洗液特点:$K_2Cr_2O_7$在酸性溶液中有很强的氧化能力,对玻璃仪器又极少有侵蚀作用,所以这种洗液在实验室内使用最广泛。

③ 注意事项:这种洗液在使用时一定要注意不能溅到身上,以防烧破衣服和损伤皮肤。将洗液倒入要洗的仪器中,应使仪器周壁全浸洗后稍停一会再倒回洗液瓶。第一次用少量水冲洗刚浸洗过的仪器,废水不要倒在水池或下水道里,否则会腐蚀水池和下水道,应倒在废液缸中。

(2) 高锰酸钾的碱性溶液

① 配制方法:将20 g高锰酸钾溶于50 mL水中,再加入300 mL 0.5 mol/L氢氧化钠溶液,然后倒入瓶中,用蒸馏水清洗烧杯里残留的高锰酸钾,用蒸馏水稀释至500 mL,盖上瓶盖,贴上标签。

② 洗液特点:适于洗涤带油污的玻璃器皿,但余留的二氧化锰沉淀物需用盐酸或盐酸加过氧化氢洗去。由于它对有机污迹的去除能力强、速度快,并且较铬酸洗液相比,它腐蚀性小,毒性小,配制简单、安全。

③ 注意事项

a. 碱性高锰酸钾洗液虽然比铬酸洗液安全,但是沾到皮肤上会形成二氧化锰,不易洗去;

b. 由于高锰酸钾的碱性溶液在光照时会分解,所以需装在棕色瓶中避光保存;

c. 同大多数碱一样,碱性高锰酸钾洗液对玻璃也是有腐蚀性的,尤其是仪器的磨口部分,在清洗时,它的磨口应尽量不要长时间浸泡;

d. 使用一段时间后,$KMnO_4$洗液会变成浅红或无色,底部有时出现MnO_2沉淀,这时洗液已不具有强氧化性,不能再继续使用。

(3) 硝酸-过氧化氢洗液

① 配制方法:15%～20%的硝酸加等体积的5%过氧化氢。

② 洗液特点:适用于特别油污的玻璃器皿。

③ 注意事项:久存易分解,现用现配,如需储存,应存放于棕色瓶中。

(4) 盐酸乙醇溶液

① 配制方法:1 份盐酸和 2 份乙醇的混合物。

② 洗液特点:用以洗涤有机试剂染色的器皿。

(二) 玻璃器皿的洗涤

1. 新购玻璃器皿的洗涤

新购置的玻璃器皿中含有游离碱,长期使用后内壁会析出乳白色的碱膜,器皿变得不透明,影响观察,同时也会影响培养基的酸碱度。因此,使用前先用自来水简单刷洗,然后在 2%稀盐酸溶液中浸泡数小时,取出后用纯化水冲洗干净,晾干备用。新的载玻片和盖玻片,先用肥皂水洗净,随后用 2%稀盐酸溶液浸泡 1 h,再用蒸馏水冲洗干净,浸入酸化的 95%的酒精中,使用时取出晾干或在火焰上烧去酒精即可。

2. 使用过的玻璃器皿的洗涤方法

洗刷玻璃仪器时,应首先将手用肥皂洗净,以防手上的油污附在仪器上,增加洗刷的困难。如仪器沾有微生物应先在 2%来苏尔(煤酚皂)溶液或0.25%新洁尔灭消毒液中浸泡 24 h后,或用高压蒸汽灭菌,或放入沸水中煮沸以杀死微生物再进行洗涤。根据仪器上污染物性质选择常用清洁剂和洗液洗涤。如用洗衣粉,将刷子蘸上少量洗衣粉,将仪器内外全刷一遍,再边用水冲边刷洗至肉眼看不见有泡沫时,用自来水洗 3～6 次,再用蒸馏水洗 3 次。如用碱性高锰酸钾洗液,一般油污可直接用它浸泡 10～15 min后,再用草酸-盐酸洗液洗净即可,但遇到沉淀的硫或者其他难洗的污迹,可在温水水浴中用碱性高锰酸钾洗液浸泡半小时,再用草酸-盐酸洗液洗净。如用硝酸-过氧化氢洗液处理油污、肮脏的玻璃器皿可浸泡 20 min或更长时间,因为其对玻璃器皿无腐蚀作用。洗液不能加热,防止洗液失效。浸泡后,用自来水充分冲洗。冲洗干净后,再用蒸馏水冲洗 3 次。一个洗干净的玻璃仪器,应该以挂不住水珠为度。如仍能挂住水珠,仍然需要重新洗涤。用蒸馏水冲洗时,要用顺壁冲洗方法并充分振荡,经蒸馏水冲洗后的仪器,用指示剂检查应为中性。

注意:(1) 玻璃吸管、吸过糖溶液、染液、血液、血清、菌液(非致病菌)的玻璃吸管和毛细吸管,使用后应立即投入底部垫有脱脂棉或玻璃棉、盛有自来水的量筒或标本瓶内,以免干燥后难以冲洗干净。若吸管顶部塞有棉花,应先用牙签或尖嘴自来水龙头将棉花取出,再进行洗涤。风干或烘干备用。(2) 用过的载玻片与盖玻片,如涂有活菌和致病菌的应经消毒液处理 24 h后,方可进行洗涤。如滴有香柏油,应先用卫生纸擦去油面,再用浸有二甲苯的脱脂棉擦拭,溶解油垢。在湿热的含洗洁精的水中用纱布或脱脂棉擦拭洗涤,自来水冲洗,沥干水分,于洗液中浸泡 1～2 h,自来水冲洗,蒸馏水冲洗后,经目测,玻片或盖玻片上无残留水珠,可视为洗涤干净,风干后于 95%酒精中保存备用,使用时用镊子取出,烧去残留酒精即可。

(三) 塑料橡胶用品的洗涤

1. 塑料器皿的清洗

目前我国培养使用的塑料器皿主要是从国外购置的,是一种无毒并已经消毒过灭菌密封包装的商品。用时,只要打开包装即可,是一次性使用物品。必要时,用后经无菌处理后,尚可反复使用 2～3 次,但不宜过多。再用时仍然需要清洗和灭菌处理。塑料器皿因质地软,不宜用毛刷刷洗而造成清洗困难。为此使用中一是防止划痕,二是用后要立即浸入水中,严防附着物干结；如残留有附着物，可用脱脂棉清洁掉，用流水冲洗干净，晾干，再用 2% NaOH 溶液浸泡过夜，用自来水充分冲洗，然后用 5%盐酸溶液浸泡 30 min，最后用自来水冲洗和蒸馏水漂洗干净，晾干后备用。

2. 胶塞的清洗

新购置的胶塞先用自来水冲洗干净后，再做常规处理。

常规洗涤方法：浸泡→2% NaOH 煮沸（10～20 min）→自来水冲洗→1%稀盐酸浸泡（30 min）→蒸馏水清洗（2～3 次）→晾干备用

（四）金属用品的洗涤

1. 洗涤方法

不用洗液浸泡洗涤。一般用水冲洗即可，对于油污、锈迹，可用洗洁精、钢丝球刷洗掉。

2. 注意事项

不用时放在干燥的环境中，不同材质分开存放，防止生锈。

（五）搪瓷制品的洗涤

不能用碱液洗涤，可用 0.1 mol/L 盐酸浸泡。一般用毛刷和洗衣粉刷洗即可。使用时，蒸发皿加热后不能骤冷。

五、微生物实验室常见仪器设备介绍

1. 显微镜（microscope）

显微镜是由一个透镜或几个透镜的组合构成的一种光学仪器，是人类进入原子时代的标志。主要用于放大微小物体使其能为人的肉眼所能看到。

显微镜根据显微原理可分为光学显微镜（optical microscope）与电子显微镜（electron microscope）。光学显微镜通常由光学部分、照明部分和机械部分组成。其中光学部分是最为关键的，它由目镜和物镜组成。现在的光学显微镜可把物体放大 1 600 倍，分辨的最小极限达 0.1 μm。目前光学显微镜的种类很多，主要有明视野显微镜（普通光学显微镜，详见实验一）、暗视野显微镜（详见实验五）、荧光显微镜、相差显微镜、激光扫描共聚焦显微镜、偏光显微镜、微分干涉差显微镜、倒置显微镜。电子显微镜（详见实验四）有与光学显微镜相似的基本结构特征，但它的放大倍数及分辨本领却比光学显微镜高得多。它以电子流作为光源，使物体成像。

2. 干热消毒箱（干热灭菌器，电烘箱 electric dry oven，详见实验十）

可供工矿企业、大专院校、生物制药、食品加工、科研、医疗单位及各类实验室等作非易燃易爆物品及非挥发性物品的干燥、烘培、熔腊、消毒、灭菌之用。在微生物实验室中，干热消毒箱主要用于玻璃容器的干燥灭菌。电烘箱的控温温度在室温至 250 ℃，任意调节。电烘箱的使用详见实验十。电烘箱安全操作规范：(1) 通电前应检查电源线路绝缘应良好，不准有漏电。加热器电阻丝之间不得有碰触，以防短路。(2) 使用非防爆电烘箱，严禁带挥发性的物件进入烘箱内。(3) 使用温度绝不能超过机器规定温度，使用时随时观察并调整箱内温度。(4) 在使用过程中听到声音异常应立即停止工作，检查马达及风叶轮，以免烧坏马达。(5) 高温烘烤物品后，不能立即关掉总开关，应打开风扇开关让热量散发出去后方可关机，以免烤箱局部受热变形。(6) 保持电烘箱内清洁，应经常擦拭，以免腐蚀性物质黏附在内胆上，影响其使用寿命。应经常检查和清除烘箱内电阻丝旁的氧化皮。不可将风道和风孔堵死，以保证正常送风风道。(7) 电控制箱应定期检修，由于电热接触器频繁通断，定期更换，以防触头烧坏咬死，不能切断电热电源，炉内温度升高会烤坏产品。

3. 灭菌锅(sterilization pot)

灭菌锅又名蒸汽灭菌器，实验室常用灭菌锅可分为手提式高压灭菌锅和立式高压灭菌锅(图1-10和1-11)。利用电热丝加热水产生蒸汽，并能维持一定压力的装置。主要由一个可以密封的桶体、压力表、排气阀、安全阀、电热丝等组成。可对医疗器械、敷料、玻璃器皿和培养基等进行消毒灭菌，是微生物实验室、食品厂、饮用水厂等的必备设备。灭菌锅的使用和注意事项详见实验十。

图1-10　手提式高压灭菌锅

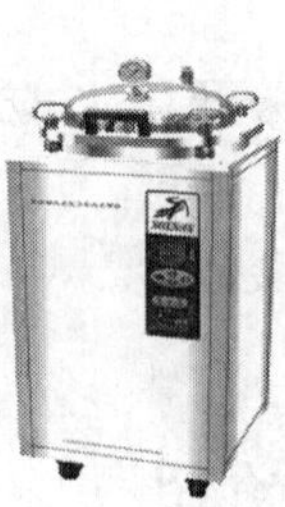

图1-11　立式高压灭菌锅

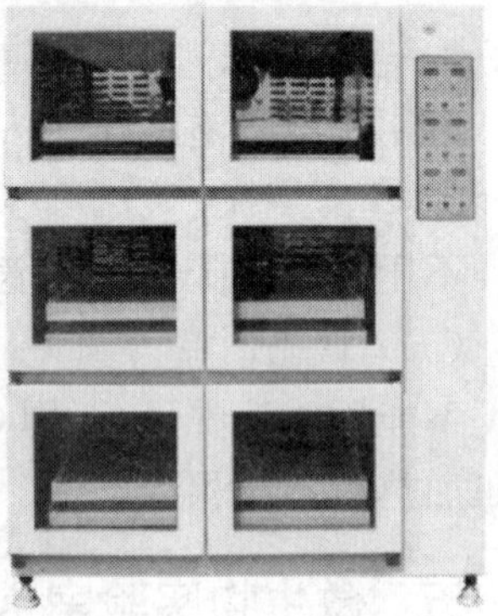

图1-12　多层摇床

4. 摇床(shakers)

摇床(图1-12)，又名振荡器，可以摇动，其振荡频率为启动-300转/分(r/min)，广泛用于对振荡频率有较高要求的微生物培养、发酵、杂交等过程。目前的摇床往往不再只是单一的振荡功能，通常集其他功能于一身。如恒温培养摇床集恒温培养箱和摇床于一体，可控制温度；光照振荡培养箱可同时控制温度、光照和振荡频率；功能完善的细胞培养摇床需要具备温度控制、湿度控制、二氧化碳控制、光照控制以及高性能的保温密封功能及可消毒灭菌的功能。

5. 培养箱(incubator)

培养箱，具有制冷和加热双向调温系统，温度可控的功能，是植物、生物、微生物、遗传、病毒、医学、环保等科研、教研教育部门不可缺少的实验室设备，广泛应用于低温恒温试验、培养试验、环境试验等。在微生物实验中，主要用于微生物的平板和斜面等固体培养或液体静置培养等。

使用操作方法：(1) 接通电源，按下电源开关，此时电源指示灯亮。(2) 操作人员需仔细阅读使用说明，了解、熟悉培养箱的功能后，才能接通电源。(3) 设定培养温度，当培养箱显示温度达到设定温度时，加热或制冷中断，如箱内即时温度超过设定上限报警温度(出厂设置为超过5 ℃)，控温仪温度跟踪报警指示灯亮，同时自动切断加热器电源。(4) 如打开门取样品时，加热器、循环风机会停止工作，当关上玻璃门后，加热器和风机才能正常运转，这样可避免培养物的污染及温度的过冲现象。

注意事项和保养维修：(1) 仪器不宜在高压、强电流、强磁场条件下使用，以免干扰温控仪及发生触电危险。(2) 培养箱外壳必须有效接地，以保证使用安全。(3) 控温仪菜单设定数据在出厂前已经过严格调试，请勿随意修改。(4) 请勿放置易燃易爆物品进行升温，严防发生危险。(5) 电镀零件和表面饰漆，应经常保持清洁，如长期不用，应在电镀件上涂中性油脂或凡士林，以防腐蚀，培养箱外面套好塑料薄膜防尘罩将培养箱放在干燥室内，以免控温仪受潮损坏。(6) 请勿放置高酸高碱物品，防止箱体腐损。

培养箱的种类很多，有恒温培养箱、二氧化碳培养箱、霉菌培养箱、厌氧培养箱、光照培养箱等。它们由于功能不同，各自有不同的适用范围，如二氧化碳培养箱是通过在培养箱箱体内模拟形成一个类似细胞或组织在生物体内的生长环境，如稳定的温度(37 ℃)、稳定的 CO_2 水平(5%)、恒定的酸碱度(pH：7.2～7.4)、较高的相对饱和湿度(95%)，来对细胞或组织进行体外培养的一种装置，可用于某些特殊要求微生物的生长。厌氧培养箱是一种可在无氧环境下进行细菌培养及操作的专用装置，可培养最难生长的厌氧生物，又能避免厌氧生物在大气中操作时接触氧而死亡的危险性。

6. 小型发酵罐

大量培养微生物而获得菌体细胞或代谢产物的过程称为发酵。发酵罐是用于培养微生物或细胞的封闭容器或生物反应装置，可用于研究、分析或生产。生产上使用的发酵罐容积大，均用钢板或不锈钢板制成；供实验室使用的小型发酵罐，其容积可从约 1 L 至数百升或稍大些。一般来说，5 L 以下是用耐压玻璃制作罐体，10 L 以上用不锈钢板或钢板制作罐体。发酵罐被广泛用于精细化工、生物工程、食品、饮料、化工、制药等行业中的物料发酵。发酵罐如按照其搅拌设备，分为机械搅拌通风发酵罐和非机械搅拌通风发酵罐；如按照微生物的生长代谢需要，分为好气型发酵罐和厌气型发酵罐；如按使用范围可分为生物发酵罐、啤酒发酵罐、葡萄酒发酵罐等。应用于厌气发酵的发酵罐结构可以较简单。对这类发酵罐的要求是：能封闭；能承受一定压力；有冷却设备；罐内尽量减少装置，消灭死角，便于清洗灭菌。酒精和啤酒都属于嫌气发酵产物，其发酵罐因不需要通入无菌空气，因此在设备放大、制造和操作时，都比好气发酵设备简单得多。用于好气发酵的发酵罐因需向罐中连续通入大量无菌空气，还需考虑通入空气的利用率，故在发酵罐结构上较为复杂，常用的有机械搅拌式发酵罐、鼓泡式发酵罐和气升式发酵罐。实验室所用的小型通气搅拌发酵罐具有体积小，耗电少，不易污染，每单位时间单位体积产能高，代谢热很容易移除，操作控制和维修方便等特点，能更好地满足需要。

各厂家生产的发酵罐会有所差别，但基本原理是相同的，基本结构是类似的。以德国赛多利斯公司 sartorius stedim 制造的 BIOSTAT Aplus－5 L 罐为例，说明小型发酵罐的结构。

BIOSTAT Aplus－5 L 罐可分罐体和控制器两大部分。

(1) 罐体

罐体为一硬质玻璃圆筒，如图 1－13，容积为 5 L，顶盖上有 9 个孔口，分别是加料及接种口、放置温度探头口、补料口、放置 DO(溶解氧)电极口、放置 pH 电极口、放置消泡电极口、放置取样管口、放置搅拌器和冷凝管口。

(2) 控制器

控制器正面(如图 1－14)有酸碱泵，用以向发酵罐加入酸液或碱液以调节培养液中的 pH。此外还有消泡剂加入泵，用以向发酵罐加入消泡剂，以消除发酵过程中产生过多的泡沫。控制器背面(如图 1－15)有各种接口，用以和发酵罐相连(图 1－16)。另外控制器可与电脑连接，通过电脑软件 MFCS/DA 调节一些参数，如温度、pH、溶氧和搅拌转数等。

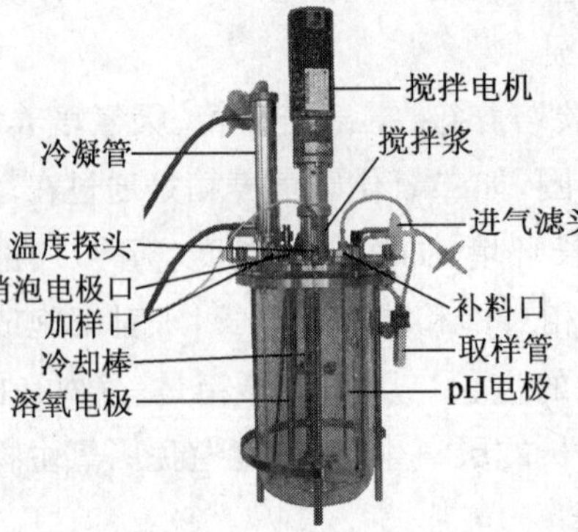

图 1－13　罐体示意图

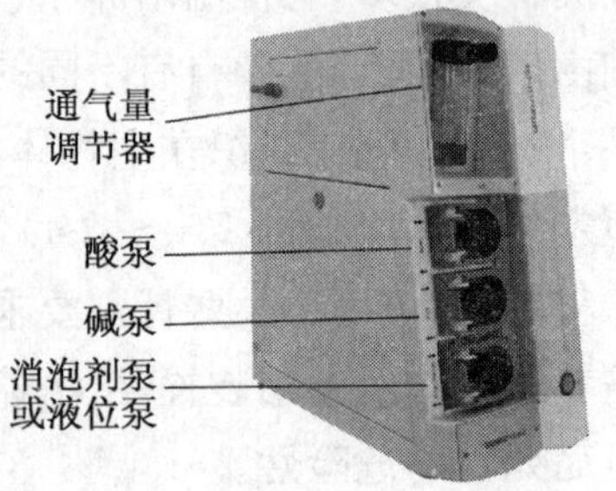

图 1－14　控制器正面

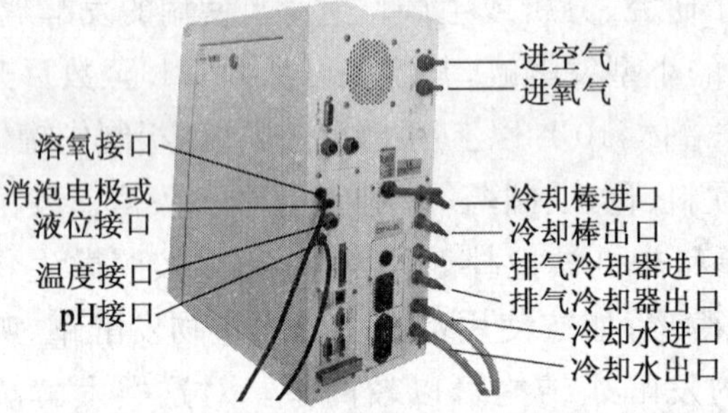

图 1－15　控制器背面

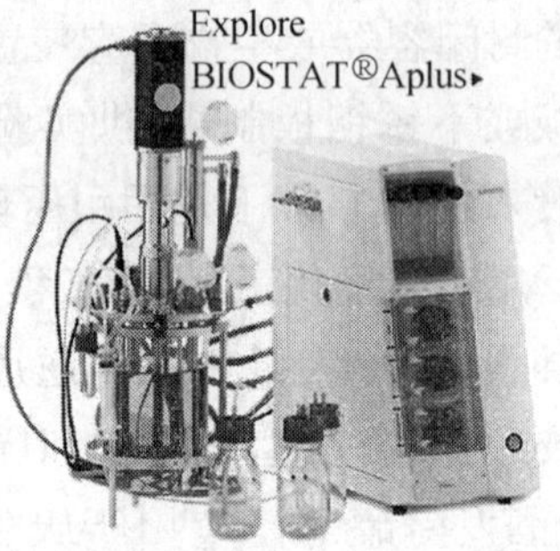

图 1－16　发酵罐与控制器相连

六、常用染色液及其试剂配制

(一) 实验常用染色液的配制

1. 吕氏(Loeffier)美蓝染色液(实验二和三)

A 液：美蓝(methylene blue，又名甲烯蓝)0.3 g，95%乙醇 30 mL；

B 液：0.01% KOH 100 mL。

混合 A 液和 B 液即成，用于细菌单染色，可长期保存。根据需要可配制成稀释美蓝液，按 1∶10 或 1∶100 稀释均可。

2. 齐氏(Ziehl)石炭酸复红染色液(实验三)

溶液 A：碱性复红(Basic fuchsin)0.3 g，95%乙醇 10 mL；

溶液 B：石炭酸 5.0 g，蒸馏水 95 mL。

将碱性复红在研钵中研磨后，逐渐加入 95%乙醇，继续研磨使之溶解，配成溶液 A，石炭酸溶于水中配成溶液 B。

混合溶液 A 和 B 即成，通常可将此溶液混合稀释 5～10 倍使用，稀释液易变质失效，一次不宜多配。

3. 革兰氏染色液(实验二)

(1) 结晶紫(crystal violet)液

A 液：结晶紫(Crystal violet) 2.5 g，95%酒精 25.0 mL；

B液：草酸铵$(NH_4)_2C_2O_4 \cdot H_2O$ 1.0 g，蒸馏水 100 mL。

将结晶紫研细后，加入95%酒精，使之溶解，配成A液。将草酸铵溶于蒸馏水，配成B液。两液混合即成。此液不易保存，如有沉淀出现，需重新配制。

(2) 卢戈(Lugol)氏碘液：碘 1 g，碘化钾 2 g，蒸馏水 300 mL。先将碘化钾溶于少量蒸馏水中，然后加入碘使之完全溶解，再加蒸馏水至 300 mL 即成。配成后贮于棕色瓶内备用，若变为浅黄色则不能使用。

(3) 95%乙醇：用于脱色，脱色后可选用以下(4)或(5)的其中一项复染即可。

(4) 稀释石炭酸复红溶液：见染色液2，将石炭酸复红饱和溶液稀释10倍即可。

(5) 番红溶液：番红 O(safranine，又称沙黄 O) 2.5 g，95%乙醇 100 mL，溶解后可贮存于密闭的棕色瓶中，用时取 20 mL 与 80 mL 蒸馏水混匀即可。

以上染液配合使用，可区分出革兰氏染色阳性(G^+)或阴性(G^-)细菌，G^+被染成紫色，G^-被染成红色。

4. 芽孢染色液(实验三)

(1) 孔雀绿染色液：孔雀绿(Malachite green) 5.0 g，蒸馏水 100 mL；也可先将孔雀绿研细，加少许95%酒精溶解，再加蒸馏水。

(2) 番红水溶液：番红 0.5 g，蒸馏水 100 mL。

5. 荚膜染色液(实验三)

(1) 石炭酸复红染液(配法同染色液2，用时稀释一倍)。

(2) 黑色素染液：黑色素(Nigrosin) 5.0 g；蒸馏水 100 mL；福尔马林(40%甲醛) 0.5 mL。将黑色素在蒸馏水中煮沸 5 min，然后加入福尔马林作为防腐剂，用玻璃棉过滤。

(3) 墨汁染色液：国产绘图墨汁 40 mL，甘油 2 mL，液体石炭酸 2 mL。先将墨汁用多层纱布过滤，加甘油混匀后，水浴加热，再加石炭酸搅匀，冷却后备用。用作荚膜的背景染色。

6. 鞭毛染色液(实验三)

(1) 硝酸银染色

A液：鞭毛染色媒染剂，单宁酸 5.0 g，$FeCl_3$ 1.5 g，15%甲醛(福尔马林) 2.0 mL，1% NaOH 1.0 mL，蒸馏水 100 mL。

B液：硝酸银溶液，$AgNO_3$ 2.0 g，蒸馏水 100 mL。待$AgNO_3$溶解后，取出 10 mL 备用，向其余的 90 mL $AgNO_3$中滴加NH_4OH，即可形成很厚的沉淀，继续滴加NH_4OH至沉淀刚刚溶解成为澄清溶液为止，再将备用的$AgNO_3$慢慢滴入，则溶液出现薄雾，但轻轻摇动后，薄雾状的沉淀又消失，继续滴入$AgNO_3$，直到摇动后仍呈现轻微而稳定的薄雾状沉淀为止。若雾浓，说明银盐沉淀出，则不宜再用。

最好当日配制当日用，次日使用则鞭毛染色浅，观察效果差，第三天则不能使用。

(2) 改良利夫森(Leifson's)鞭毛染色液

A：20%单宁(鞣酸) 2.0 mL；B：饱和钾明矾液(20%) 2.0 mL；C：5%石炭酸 2.0 mL；D：碱性复红酒精(95%)饱和液 1.5 mL。

将以上各液于染色前 1～3 d，按B加到A中，C加到A、B混合液中，D加到A、B、C混合液中的顺序，混合均匀后立即过滤15～20次，2～3 d内使用效果较好。

(3) 美蓝染色

媒染剂：单宁酸 5 g，蒸馏水 100 mL，加热溶解，依次加入 $FeCl_3 \cdot 6H_2O$ 1.5 g，37%甲醛 1 mL；美蓝染液：硼砂 1 g，蒸馏水 100 mL，溶解后加入美蓝 0.05 g；洗液：0.01 mol/L 稀盐酸。

7. 中性红(neutral red)溶液

用于染细胞中的液泡，可鉴定细胞死活。

配方：中性红 0.1 g，蒸馏水100 mL，使用时再稀释 10 倍左右。

8. 乳酸石炭酸棉蓝染色液(用于真菌固定和染色)

石炭酸(苯酚)10 g，乳酸(比重 1.21)10 mL，甘油 20 mL，棉蓝(苯胺蓝)0.02 g，蒸馏水 10 mL。将石炭酸加入蒸馏水中，加热溶解，再加入乳酸和甘油，最后加棉蓝。冷却后用。滴少量染液于真菌涂片上，加上盖玻片即可观察。霉菌菌丝和孢子均可染成蓝色。染色后的标本可用树脂封固，能长期保存。

(二) 实验室常用试剂的配制

1. 无菌生理盐水(实验八)

NaCl 0.85 g；蒸馏水 100 mL。

2. 1.6%溴甲酚紫(实验十八)

溴甲酚紫 1.6 g 溶于 100 mL 乙醇中，贮存于棕色瓶中保存备用。用作培养基指示剂时，每 1 000 mL 培养基中加入 1 mL 1.6%溴甲酚紫即可。

七、常用培养基的制备

1. 牛肉膏蛋白胨培养基(实验九，十二)

牛肉膏 3 g，蛋白胨 10 g，NaCl 5 g，水 1 000 mL，pH 7.4～7.6，0.1 MPa 压力，灭菌 20 min。配制液体培养基时不加琼脂；半固体培养基加0.3%～0.5%琼脂；固体培养基加 1.5%～2.0%琼脂。该培养基为多数细菌通用培养基，可用于菌种的分离纯化及保藏斜面。

肠道细菌中的某些菌，如产气气杆菌(*Aerobacter aerogenes*)，在此培养基上生长较差，需用新鲜牛肉汁替代牛肉膏。制备方法如下：

取新鲜牛肉去除脂肪、结缔组织，用绞肉机绞碎，每 1 kg 牛肉加水 250 mL，冷浸一夜，煮沸 2 h，冷却，用纱布过滤去渣。调 pH 至 6.8～7.0，再煮沸 15 min。将 1 个鸡蛋的蛋清加 20 mL 水，调匀至产生泡沫时，边搅动牛肉汁边加入蛋清水，煮沸 5 min，静置，滤纸过滤。将滤液补足至原来的体积，分装，加塞。制备后的新鲜牛肉汁，透明、澄清，无细小沉淀、金黄色。0.1 MPa 压力，灭菌 20 min。

2. 高氏Ⅰ号培养基(用于放线菌培养)(实验四、九、十二)

可溶性淀粉 20 g，KNO_3 1 g、NaCl 0.5 g、$K_2HPO_4 \cdot 3H_2O$ 0.5 g、$MgSO_4 \cdot 7H_2O$ 0.5 g、$FeSO_4 \cdot 7H_2O$ 0.01 g，琼脂 15～20 g，水 1 000 mL，pH 7.4～7.6。0.1 MPa 压力，灭菌 20 min。配制时注意，可溶性淀粉要先用冷水调匀后再加入到以上培养基中。

3. 马铃薯培养基(PDA 培养基，用于霉菌或酵母菌培养)(实验六、九、十二、二十一)

马铃薯(去皮)200 g，蔗糖(或葡萄糖)20 g，水 1 000 mL。0.1 MPa 压力，灭菌 30 min。霉菌用蔗糖，酵母菌用葡萄糖。

4. 马丁氏(Martin)培养基(用于从土壤中分离真菌)(实验十二)

K_2HPO_4 1 g，$MgSO_4 \cdot 7H_2O$ 0.5 g，蛋白胨 5 g，葡萄糖 10 g，1/3 000 孟加拉红水溶液

100 mL，水 900 mL，自然 pH，0.1 MPa 压力，灭菌 30 min，待培养基融化后冷却至 55～60 ℃时加入链霉素（链霉素含量为 30 μg/mL）。

5. 察氏培养基（蔗糖硝酸钠培养基）（用于霉菌培养）（实验六）

蔗糖 30 g，$NaNO_3$ 2 g，K_2HPO_4 1 g，$MgSO_4 \cdot 7H_2O$ 0.5 g，KCl 0.5 g，$FeSO_4 \cdot 7H_2O$ 0.1 g，水 1 000 mL，pH 自然。0.1 MPa 压力，灭菌 20 min。

6. 无氮培养基（实验三）

甘露醇（或葡萄糖）10 g，K_2HPO_4 0.2 g，$MgSO_4 \cdot 7H_2O$ 0.2 g，NaCl 0.2 g，$CaSO_4 \cdot H_2O$ 0.2 g，$CaCO_3$ 5 g。琼脂 20 g，蒸馏水 1 000 mL，pH 7.0～7.2。0.06 MPa 压力，灭菌 30 min。

7. 麦芽汁培养基（实验五）

取大麦或小麦若干，用水洗净，浸水 6～12 h，置于 15 ℃阴暗处发芽，盖上纱布一块，每日淋水，待麦根伸长至麦粒 2 倍时，停止发芽，晒干或烘干；称取一定数量，粉碎，加 4 倍于麦芽量的水，在 55～60 ℃下保温糖化，不断搅拌，糖化程度可用碘滴定，经 3～4 h 后，将糖化液用 4～6 层纱布过滤，滤液如浑浊，可用鸡蛋清澄清，方法是将一个鸡蛋蛋清加水约 20 mL，调匀至产生泡沫，然后倒入糖化液中搅拌，煮沸后过滤，即得澄清的麦芽汁（每 1 000 g 麦芽粉能制得 15～18 波美度麦芽汁 3 500～4 000 mL），加水稀释成 5～6 波美度的麦芽汁，pH6.4。固体再加 2%琼脂即可，0.1 MPa 压力，灭菌 20 min。

8. 麦氏（Meclary）培养基（醋酸钠培养基）（实验五）

葡萄糖 0.1 g，KCl 0.18 g，酵母膏 0.25 g，醋酸钠 0.82 g，琼脂 1.5 g，蒸馏水 100 mL。溶解后分装试管，0.06 MPa 压力，灭菌 30 min。

9. BBL 培养基（实验十八）

蛋白胨 15 g，酵母粉 2 g，葡萄糖 20 g，可溶性淀粉 0.5 g，氯化钠 5 g，5%半胱氨酸 10 mL，西红柿浸出液 400 mL，吐温-80 液 1 mL，肝提取液 80 mL，琼脂 20 g，蒸馏水 520 mL，pH7.0。0.06 MPa 压力灭菌 30 min。

10. 乳糖蛋白胨培养液（实验十五）

蛋白胨 10 g，牛肉膏 3 g，乳糖 5 g，氯化钠 5 g，1.6%溴甲酚紫乙醇溶液 1 mL，蒸馏水 1 000 mL。制法：将蛋白胨、牛肉膏、乳糖及氯化钠加热溶解于 1 000 mL 水中，调 pH7.2～7.4。加入指示剂 1.6%溴甲酚紫乙醇溶液 1 mL，充分混匀，分装，每瓶 50 mL 或每管 5 mL，并倒置放入一个德汉氏小管，0.06 MPa 压力灭菌 20 min。2 倍或 3 倍乳糖蛋白胨培养基：除水以外，其余成分加倍或取 3 倍用量。

11. 伊红美蓝琼脂培养基（EMB）的制备（实验十五）

蛋白胨 10 g，乳糖 10 g，K_2HPO_4 2 g，2%伊红水溶液 20 mL，0.65%美蓝水溶液 10 mL，琼脂 17 g，水 1 000 mL，pH7.1～7.4。制法：先将琼脂加至 900 mL 蒸馏水，加热溶解，然后加入磷酸氢二钾及蛋白胨，混匀使之溶解，再以蒸馏水补足至 1 000 mL，校正 pH，再加入乳糖，分装，0.06 MPa 压力灭菌 20 min 备用。临用时熔化琼脂，冷至 50～55 ℃，加入伊红和美蓝溶液，摇匀，倾注平板。注意乳糖不耐热，严格控制灭菌温度。

12. 玉米醪深层试管培养基（实验十六　用于培养厌气性丙酮丁醇梭状芽孢杆菌）

玉米粉 5 g，自来水 100 mL，pH 自然，100 ℃加热、糊化，分装试管（装液量近管口），0.1 MPa 压力，灭菌 30 min。

13. 葡萄糖牛肉膏蛋白胨固体培养基%(实验十六)

葡萄糖 1.0 g,牛肉膏 0.3 g,蛋白胨 0.5 g,NaCl 0.5 g,琼脂 2.0 g,蒸馏水 100 mL,pH 7.0～7.2,0.06 MPa 压力,灭菌 30 min。

14. 豆芽汁固体培养基(实验十六)

10%豆芽汁 100 mL,葡萄糖(或蔗糖)5.0 g,琼脂 2.0 g,pH 自然,0.1 MPa 压力,灭菌 20 min。

豆芽汁的制备:

① 取黄豆若干,用水洗净,浸泡一夜,弃水,置 20 ℃条件下保温发芽。在黄豆上敷盖湿纱布,每天用清水冲洗黄豆一次,至豆芽长至 5 cm 即可。

② 称量豆芽 10 g,加自来水 100 mL,煮沸 1 h,纱布过滤,滤液补足至 100 mL,即为 10%豆芽汁。

15. 糖发酵培养基(用于大肠杆菌、普通变形杆菌等细菌糖发酵试验)

葡萄糖(或蔗糖,或其他糖)1 g,蛋白胨 1 g,NaCl 0.5 g,1.6%溴甲酚紫乙醇溶液 0.15 mL,蒸馏水 100 mL。分别称取蛋白胨和 NaCl 溶于热水中,调 pH 至 7.4,再加入溴甲酚紫,加入糖类,分装试管,装量 4～5 cm 高,并倒放入一德汉氏小管(管口向下,管内充满培养液)。0.06 MPa 压力,灭菌 20 min。灭菌时注意适当延长煮沸时间,尽量把冷空气排尽以使德汉氏小管内不残存气泡。常用的糖类,如葡萄糖、蔗糖、甘露糖、麦芽糖、乳糖、半乳糖等(后两种糖的用量常加大为 1.5%)。

16. BCG 牛乳培养基(用于乳酸发酵)

A 溶液:脱脂乳粉 100 g,水 500 mL,加入 1.6%溴甲酚绿(B.C.G)乙醇溶液 1 mL,80 ℃灭菌 20 min。

B 溶液:酵母膏 10 g,水 500 mL,琼脂 20 g,pH6.8,0.1 MPa 压力,灭菌 20 min。

以无菌操作趁热将 A、B 溶液混合均匀后倒平板。

17. 乳酸菌培养基(用于乳酸发酵)

牛肉膏 5 g,酵母膏 5 g,蛋白胨 10 g,葡萄糖 10 g,乳糖 5 g,NaCl 5 g,水 1 000 mL,pH 6.8,0.1 MPa 压力,灭菌 20 min。

18. RCM 培养基(强化梭菌培养基)(用于厌氧菌培养)

酵母膏 3 g,牛肉膏 10 g,蛋白胨 10 g,可溶性淀粉 1 g,葡萄糖 5 g,半胱氨酸盐酸盐 0.5 g,NaCl 3 g,CH_3COONa 3 g,刃天青 3 mg/L,水 1 000 mL,pH8.5,0.1 MPa 压力,灭菌 30 min。

19. TYA 培养基(用于厌氧菌培养)

葡萄糖 40 g,牛肉膏 2 g,酵母膏 2 g,胰蛋白胨 (bacto-typetone)6 g,醋酸铵 3 g,KH_2PO_4 0.5 g,$MgSO_4 \cdot 7H_2O$ 0.2 g,$FeSO_4 \cdot 7H_2O$ 0.01 g,水 1 000 mL,pH6.5,0.1 MPa 压力,灭菌 30 min。

20. 中性红培养基(用于厌氧菌培养)

葡萄糖 40 g,胰蛋白胨 6 g,酵母膏 2 g,牛肉膏 2 g,醋酸铵 3 g,KH_2PO_4 5 g,中性红 0.2 g,$MgSO_4 \cdot 7H_2O$ 0.2 g,$FeSO_4 \cdot 7H_2O$ 0.01 g,水 1 000 mL,pH6.2,0.1 MPa 压力,灭菌 30 min。

21. 酚红半固体柱状培养基(用于检查氧与菌生长的关系)

蛋白胨 1 g,葡萄糖 10 g,玉米浆 10 g,琼脂 7 g,水 1 000 mL,pH7.2。在调好 pH 后,加入 1.6%酚红溶液数滴,至培养基变为深红色,分装于大试管中,装量约为试管高度的$\frac{1}{2}$,0.06 MPa压力,灭菌 20 min。细菌在此培养基中利用葡萄糖生长产酸,使酚红由红色变成黄色,在不同部位生长的细菌,可使培养基的相应部位颜色改变。若培养时间太长,酸可扩散以致不能正确判断结果。

八、各国主要菌种保藏机构

表 1-1　各国主要菌种保藏机构

单位名称	单位缩写	单位名称	单位缩写
中国微生物菌种保藏管理委员会	CCCCM	卫生部药品生物检定所	NICPB
中国科学院武汉病毒所菌种保藏中心	AS-IV	中科院微生物研究所菌种保藏中心	AS
轻工业部食品发酵工业科学研究所	IFFI	中国医学科学院皮肤病研究所	ID
中国医学科学院病毒研究所	IV	国家医药总局四川抗生素研究所	SIA
农业部兽医药品监察所	CIVBP	华北制药厂抗生素研究所	
中国工业微生物保藏中心	CICC	世界菌种保藏联合会	WFCC
美国标准菌株保藏中心	ATCC	美国农业研究服务处菌种收藏馆	ARS
美国农业部北方研究利用发展部	NRRL	美国 Upjohn 公司菌种保藏部	UPJOHN
法国典型微生物保藏中心	CCTM	荷兰真菌中心收藏所	CBS
加拿大 Alberta 大学霉菌标本室	UAMH	捷克和斯洛伐克国家菌保会	CNCTC
英国国立典型菌种收藏馆	NCTC	加拿大国家科学研究委员会	NRC
英联邦真菌研究所	CMI	英国国立工业细菌收藏所	NCIB
日本微生物菌种保藏联合会	JFCC	东京大学医学科学研究所	IID
北海道大学农学部应用微生物教研室	AHU	东京大学农学部发酵教研室	ATU
东京大学应用微生物研究所	IAM	东京大学医学院细菌学教研室	MTU
大阪发酵研究所	IFO	广岛大学工学部发酵工业系	AUT
新西兰植物病害真菌保藏部	PDDCC	德国科赫研究所	RKI
德国发酵红叶研究所微生物收藏室	MIG	德国微生物研究所菌种收藏室	KIM

第二章　微生物显微及染色技术

微生物是肉眼看不见的微小生物，观察和研究它们的形态和结构，必须借助于能将物像放大若干倍的光学显微镜和电子显微镜，显微镜是研究微生物最基本和最重要的工具之一。所以掌握显微镜的使用与维护是进行微生物实验研究的基本技能。本章将介绍几种常用显微镜，如通过实验一介绍普通光学显微镜的使用，通过实验四介绍电子显微镜，通过实验五介绍暗视野显微镜。目前用电子显微镜可以观察到微生物的各种形态结构，但因其价格昂贵、设备条件要求高、操作也较复杂，应用上也受一定限制。所以一般实验室仍常用普通光学显微镜观察微生物形态学特征。然而微生物细胞小而透明，当把细菌悬浮于水滴内，用光学显微镜观察时，由于菌体和背景没有显著的明暗差，因而难以看清它们的形态，更不易识别其结构，所以用普通显微镜观察细菌时，往往要先将菌体进行染色，借助于颜色的反衬作用，可以清楚地观察到细菌的形状、基本结构(壁、膜、细胞质、核及内含物)及特殊结构(荚膜、鞭毛、菌毛、芽孢等)。根据实验目的不同，可将染色分为简单染色法、鉴别染色法和特殊染色法等。本章将介绍几种常用染色方法，如通过实验二介绍简单染色法和革兰氏染色法，通过实验三介绍一些特殊染色法来观察细菌的特殊构造。总之，为了研究微生物的形态特征和鉴别不同类群的微生物，微生物的染色及形态结构的观察是微生物学实验中十分重要的基本技术。

实验一　普通光学显微镜的使用与细菌形态观察

一、实验目的和内容

(1) 了解普通光学显微镜的构造和各部分的作用。

(2) 掌握普通光学显微镜的使用技术，特别是掌握用油镜观察大肠杆菌和金黄色葡萄球菌染色装片。

二、原理

普通光学显微镜结构(见图 2-1 和 2-2)可分为机械系统和光学系统两大部分。

1. 机械系统

机械系统是显微镜的主体框架，包括镜座、载物台、镜臂、镜筒、物镜转换器、调焦装置(粗细调节器)等，用坚固的金属材料制成，其材质和加工精度影响显微镜的质量。机械系统相当于显微镜的“硬件”，为观察、载物提供了一个平台。以下是机械系统中各自部件的作用。

(1) 镜座和镜臂：镜座位于显微镜底部，呈马蹄形，它支持全镜。镜臂有固定式和活动式两种，活动式的镜臂可改变角度。镜臂支持镜筒。

(2) 载物台:用于放置玻片标本的平台。标本用来压住载玻片。

(3) 镜筒:为显微镜上部圆形中空的长筒,上接目镜,下接转换器。镜筒有单筒和双筒两种,单筒又可分为直立式和后倾式两种。而双筒则都是倾斜式的,倾斜式镜筒倾斜 45°。镜筒作用是保护成像的光路与高度。

(4) 物镜转换器:固着在筒的下端,分两层。上层固着不动,下层可自由转动,可以换用放大率不同的接物镜,可使每个物镜通过镜筒与目镜构成一个放大系统。

(5) 调焦装置:调节物镜和标本间距离的机件,有粗调节器即粗动螺旋和细调节器即微动螺旋,利用它们使镜筒或镜台上下移动,当物体在物镜和目镜焦点上时,则得到清晰的图像。

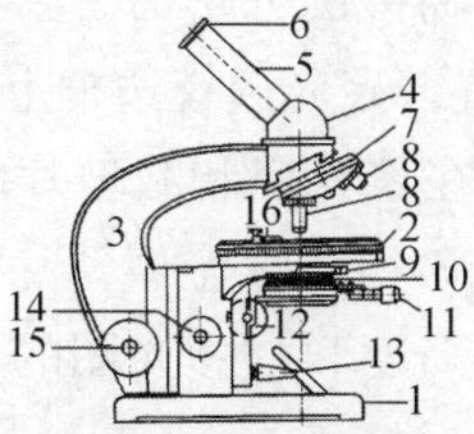

图 2-1　普通光学显微镜的模式图

1—镜座;2—载物台;3—镜臂;4—棱镜套;5—镜筒;6—目镜;7—转换器;8—物镜;9—聚光镜;10—虹彩光圈;11—光圈固定器;12—聚光器升降螺旋;13—反光镜;14—细调节器;15—粗调节器;16—标本夹

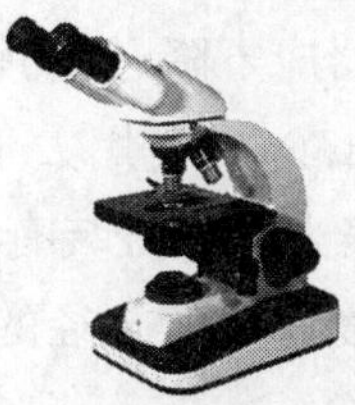

图 2-2　普通光学显微镜的实物图

2. 光学系统

光学系统是显微镜的核心,由目镜、物镜、聚光器、光源等组成。其中物镜的光学参数直接影响着显微镜的性能,匹配不同的聚光器可改变显微镜的功能,如明视野、暗视野、相差(相衬)等。

(1) 物镜(即接物镜):其作用是将物体作第一次放大,是决定成像质量和分辨能力的重要部件。物镜上通常标有数值孔径、放大倍数、镜筒长度、焦距等主要参数(见图 2-3)。其含义如下:数值孔径又叫做镜口率,简写为 NA。它是由物体与物镜间媒质的折射率(n)与物镜孔径角的一半$\left(\frac{\alpha}{2}\right)$的正弦值的乘积,其大小由下式决定:$NA=n\cdot\sin\frac{\alpha}{2}$;物镜的放大倍数有 10×(低倍)、20×(中倍)、40～65×(高倍)和 100×(油镜)几种。其中低倍、中倍、高倍物镜统称

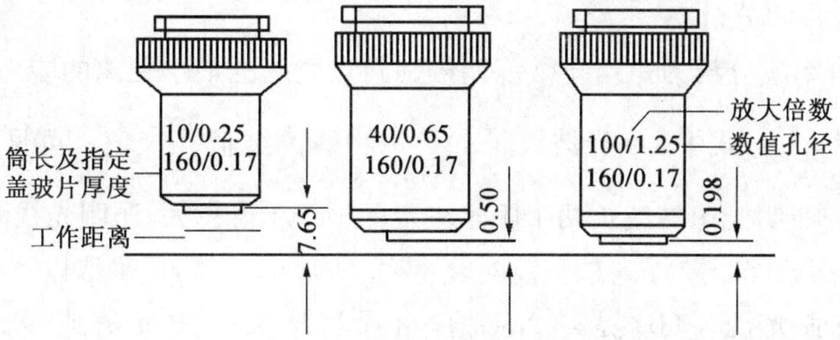

图 2-3　物镜上的标志

注:工作距离(物镜下端至盖玻片的间距,即标本在焦点上看得最清晰时,物镜与样品之间的距离,以 mm 计,如 7.65,0.5,0.198)。

为干燥系物镜，是因为进行标本观察时，物镜与载玻片之间的折光介质为空气，而放大倍数为100的油镜在使用时须在玻片上滴加香柏油，将油镜浸入到油滴中，使物镜与载玻片之间的折光介质为油，故油镜被称为油浸系物镜；镜筒长度(mm)有100、160等；焦距是指透镜的光心到光聚集焦点之间的距离。这些参数中，数值孔径(NA)最为重要，它决定着显微镜的物镜分辨率。

(2) 目镜(即接目镜)：装于镜筒上端，由两块透镜组成。作用是将物镜造成的像再次放大，不增加分辨力。因此，显微镜的总放大倍数＝物镜放大倍数×目镜放大倍数。

(3) 聚光器：安装在载物台下面，它是由聚光透镜、虹彩光圈和升降螺旋组成的。作用是聚集光线，增强照明度和造成适宜的光锥角度，提高物镜的分辨力。聚光器可上下移动，当用低倍镜时聚光器应下降，用油镜时需上升到最高位置。聚光透镜边框上刻有数值孔径值，其数值孔径可大于1.0，当使用大于1.0的聚光镜时，需在聚光镜和载玻片之间加香柏油，否则只能达到1.0。聚光器下方装有虹彩光圈(即可变光阑)，由若干金属薄片组成，以放大或缩小光圈来调节光强度和数值孔径的大小。调节聚光镜的高度和虹彩光圈的大小，可得到适当的光照和清晰的图像。

(4) 光源：通常是内置在显微镜的镜座内，采用高亮度、高效率的卤素灯和非球面聚光灯，通过滑动螺钮，可上下调节光强度，选择观察时的最佳亮度。

3. 油镜的工作原理

在普通光学显微镜通常配置的几种物镜中，油镜的放大倍数最大，对微生物学研究最为重要。与其他物镜相比，油镜的使用比较特殊，需在载玻片与镜头之间加滴镜油，这主要有如下两方面的原因。

(1) 增加照明亮度(见图2-4)

油镜的透镜很小，光线通过玻片与油镜头之间的空气时，因介质密度不同，发生折射或全反射，使射入透镜的光线减少，物像显现不清。而油镜所需要的光照强度是物镜中最大的，因此需在油镜与载玻片之间加入和玻璃折射率(n＝1.55)相近的镜油(通常用香柏油，其折射率n＝1.52)，则使进入透镜的光线增多，视野亮度增强，使物像明亮清晰。

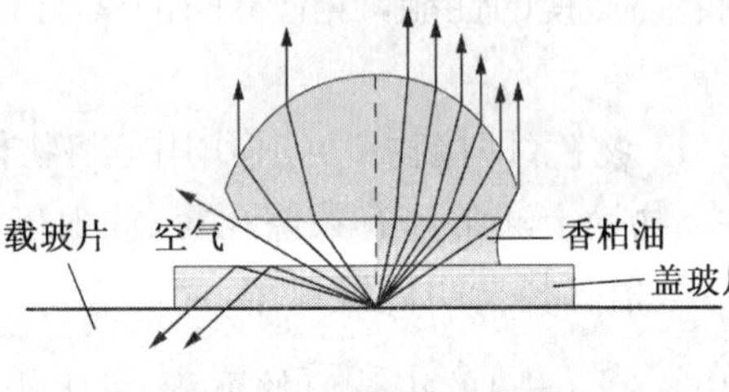

图2-4　油镜的工作原理

(2) 增加显微镜的分辨率

显微镜的分辨率或分辨力是指显微镜能辨别两点之间的最小距离的能力。能辨别两点之间的最小距离$d=\frac{\lambda}{2NA}$，式中λ＝光波波长；NA＝物镜的数值孔径值。可见物镜的分辨率是由物镜的NA值与照明光源的波长两个因素决定的。NA值越大，照明光线波长越短，则d值越小，分辨率就越高。如果要提高显微镜的分辨率，即减小d值，可采取以下措施：(a) 降低光波波长，使用短波长光源。(b) 提高NA值，可通过增大介质n值或增大孔径角来实现$\left(NA=n\cdot\sin\frac{\alpha}{2}\right)$。(c) 增加明暗反差。然而光学显微镜的光源不可能超出可见光的波长范围(0.4～0.7 μm)，因此通过提高NA值是最佳的提高显微镜的分辨率的方法。油镜的数值孔径为 1.25，比其他物镜都大，这是因为香柏油的折射率(1.52)比空气及水的折射率(分别为 1.0 和 1.33)要高，并且油镜的工作距离最短，则 α 最大(见图 2-5)，但一般来说在实际应用中 α 最大只能达到 120 ℃。因此以香柏油作为镜头于玻片之间介质的油镜所能达到的数值孔径值(NA 一般在1.2～1.4)要高于干镜(NA 都低于 1.0)。若以可见光的平均波长 0.55 μm 来计算，油镜的分辨率却可达到 0.2 μm 左右，而数值孔径通常在 0.65 左右的高倍镜只能分辨出距离不小于 0.4 μm 的物体。

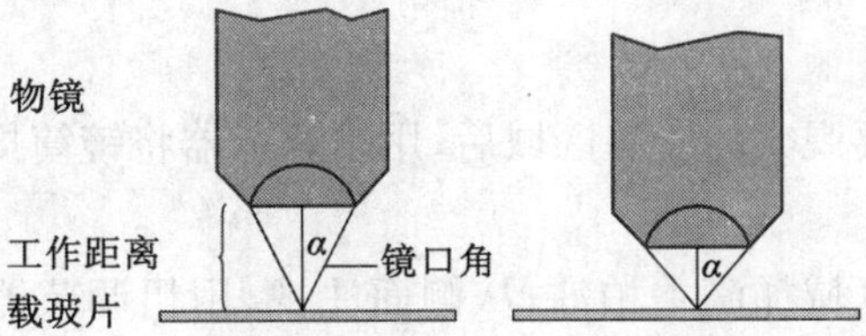

图 2-5　显微镜的镜口角与工作距离之间的关系

三、仪器与药品

显微镜、擦镜纸、香柏油、二甲苯、金黄色葡萄球菌(*Staphylococcus aureus*)、大肠杆菌(*Escherichia coli*)染色玻片标本等。

四、实验步骤

1. 取镜与安放

移动显微镜时，必须一手拿镜臂，一手托镜座，切勿单手拎提。水平放置显微镜，镜座距实验台边缘约 3～4 cm。检查显微镜的各部分是否完好；镜体上的灰尘用绸布擦拭，镜头只能用擦镜纸擦拭。

2. 对光

使用时，先将低倍接物镜镜头转到载物台中央卡住，使之正对通光孔。用眼接近目镜观察，同时用于调节聚光器，或选用光圈盘合适的孔，使镜内光亮适宜。镜内所见光亮的圆面叫视野。一般用低倍镜，光线宜暗些，观察透明物体或未经染色的活体材料，光线也宜暗些。而检查染色标本或使用油镜时，光线宜强些。

3. 低倍镜的使用

检查的标本需先用低倍镜观察，因为低倍镜视野较大，易发现目标和确定检查的位置。具体步骤为：

(1) 旋动转换器，将低倍镜移到镜筒正下方和镜筒对直。转动反光镜向着光源处或通过滑动螺钮调节光强度，使视野亮度均匀。

(2) 将大肠杆菌标本片固定在载物台上，使观察的目的物置于圆孔的正中央。

(3) 双手同向旋转粗调节器，使载物台向上移动，眼睛注视物镜，以防物镜和载玻片相碰，直到低倍物镜距标本 5 mm 左右。此时可适当地缩小光圈，否则视野中只见光亮一片，难见到目的物。

(4) 用粗调节器慢慢升起镜筒，直至物像出现后再用细调节器调节到物像清楚时为止，然后移动标本，认真观察标本各部位。但要注意视野中的物像为倒像，移动玻片时应向反方向移动。找到合适的目的物，并将其移至视野中心，准备用高倍镜观察。

4. 高倍镜的使用

眼睛离开目镜从侧面观察，旋转转换器，将高倍镜转至正下方，注意避免镜头与玻片相碰。转换高倍镜后，一般只要略微扭转细调节器，就能看到清晰的物像（这是因为物镜的同焦现象），并仔细调节光圈，使光线的明亮度适宜。将最适宜观察部位移至视野中心，绘图。不要移动装片位置，准备用油镜观察。

5. 油镜观察

（1）在高倍镜下找到要观察的样品区域后，用粗调节器将镜筒提起约 2 cm，将油镜转至正下方。

（2）在待观察的样品区域加滴香柏油，从侧面注视，用粗调节器将镜筒小心地降下，使油镜浸在香柏油中，其镜头几乎与标本相接，应特别注意不能压在标本上，更不可用力过猛，否则不仅压碎玻片，也会损坏镜头。

（3）将聚光器升至最高位置并开足光圈，若使用聚光器的数值孔径值超过 1.0，还应该在聚光镜和载玻片之间加滴香柏油，保证其达到最大的效能。从目镜内观察，调节照明使视野的亮度合适。

（4）再用粗调节器将镜筒徐徐上升，直至视野出现物像为止，然后用细调节器校正焦距。如油镜已离开油面而仍未见物像，必须再从侧面观察，将油镜降下，重复操作至物像看清为止。仔细观察并绘图。

（5）再次观察提起镜筒，换上金黄色葡萄球菌染色装片，依次用低倍镜、高倍镜和油镜观察，绘图。重复观察时可比第一次少加香柏油。

（6）观察完毕，上旋镜筒，取下标本片，立即以擦镜纸拭去镜头上的油，若油已干，可用擦镜纸沾少许二甲苯擦净，并用另一干净擦镜纸拭去二甲苯，以防二甲苯使镜头为“脱胶”。切忌用手或其他纸擦镜头，以免损坏镜头。

6. 显微镜使用后的整理

使用完毕，清洁目镜和其他物镜，用绸布擦净显微镜的金属部件。将各部分还原，反光镜垂直于镜座或关闭光源开关，将接物镜转成八字形，将载物台和聚光器降到最低位置。罩好防尘罩，将显微镜放回原位，记录使用情况。

五、注意事项

（1）搬动显微镜时，要一手握镜臂，一手扶镜座，两上臂紧靠胸壁。切勿一手斜提，前后摆动，以防镜头或其他零件跌落。

（2）观察标本时，显微镜离实验台边缘应保持一定距离（4 cm），不可把显微镜放置在实验台的边缘，以免碰翻落地。

（3）显微镜光学部件有污垢，可用擦镜纸或绸布擦净，切勿用手指、粗纸或手帕去擦，以防损坏镜面。

（4）当观察新鲜的标本时，一定要盖上盖玻片，并吸去玻片上多余的水或溶液等，以免液体污染镜头和显微镜。

(5) 要养成两眼同时睁开的习惯，以左眼观察视野，右眼用以绘图。在使用单筒显微镜观察标本也应如此。

(6) 使用时要严格按步骤操作，熟悉显微镜各部件性能，掌握粗细调节器的转动方向与镜筒升降关系。转动粗调节器向下时，一定要从旁边注视物镜，防止物镜和玻片标本相碰。

(7) 不要随意取下目镜，以防止尘土落入物镜，也不要任意拆卸各种零件，以防损坏。

(8) 使用油镜观察样品后，随即用二甲苯将油镜镜头和载玻片擦净，以防其他的物镜玻璃上沾上香柏油。二甲苯有毒，使用后马上洗手。

(9) 凡有腐蚀性和挥发性的化学试剂和药品，如碘、乙醇溶液、酸类、碱类等都不可与显微镜接触，如不慎污染时，应立即擦干净。

(10) 实验完毕，要将玻片取出，用擦镜纸将镜头擦拭干净后移开，不能与通光孔相对。用绸布包好，放回镜箱。切不可把显微镜放在直射光线下曝晒。

六、实验结果

	大肠杆菌	金黄色葡萄球菌
高倍镜绘图		
油镜绘图		

注：注明物镜放大倍数和总放大率。

七、思考题

(1) 油镜的标志是什么？使用时应注意些什么？

(2) 可以通过哪些方法来解决视野光线问题？低倍镜和油镜对照明度各有何要求？

实验二　细菌的简单染色与革兰氏染色

一、实验目的和内容

(1) 学习微生物涂片、染色的基本技术，掌握细菌的简单染色、革兰氏染色方法及无菌操作技术。

(2) 通过简单染色法比较细菌菌体细胞形态和排列方式。

(3) 理解革兰氏染色的原理和意义。

(4) 巩固显微镜的使用方法。

二、原理

简单染色法是利用单一染料对细菌进行染色的一种方法。此法操作简便,适用于菌体一般形态和细菌排列的观察。

在中性、碱性或弱酸性溶液中,细菌细胞通常带负电荷,所以常用碱性染料进行染色。碱性染料并不是碱,和其他染料一样是一种盐,电离时染料离子带正电,易与带负电荷的细菌结合而使细菌着色。经染色后的细菌细胞与背景形成鲜明对比,在显微镜下更易于识别。常用对细胞进行简单染色的碱性染料有美蓝、结晶紫、碱性复红、孔雀绿、番红(又称沙黄)等。

革兰氏染色法是细菌学中最重要的鉴别染色法,利用两种不同性质的染料,即草酸铵结晶紫和沙黄染液先后染色菌体。当用乙醇脱色后,如果细菌能保持草酸铵结晶紫与碘的复合物而不被脱色,即呈紫色的细菌称为革兰氏阳性菌(G^+);如果草酸铵结晶紫与碘的复合物被乙醇脱掉,菌体染上沙黄的颜色,呈红色叫做革兰氏阴性菌(G^-)。革兰氏染色法是 1884 年由丹麦病理学家 Christain Gram 氏创立的,而后一些学者在此基础上作了某些改进。现在已知,革兰氏染色结果与细菌细胞壁的结构组成有关。一般认为通过结晶紫初染和碘液媒染后,在细胞膜内形成了不溶于水的结晶紫与碘复合物。革兰氏阳性菌的细胞壁较厚,且肽聚糖网层次多和交联致密,故经乙醇处理后因失水反而使网孔缩小,再加上它不含类脂,故乙醇处理时不会溶出缝隙,因此能把结晶紫与碘复合物牢牢留在壁内,使其仍呈紫色。反之,革兰氏阴性菌细胞壁薄、外膜层的类脂含量高、肽聚糖层薄和交联度差,因此在乙醇处理后,以类脂为主的外膜迅速溶解,薄而松散的肽聚糖网不能阻挡结晶紫与碘复合物的溶出,因此,通过乙醇处理后细胞褪成无色。这时,再经沙黄等红色染料复染,就使 G^- 呈红色,而 G^+ 则仍保留紫色(实为紫加红色)。革兰氏阳性菌和革兰氏阴性菌的细胞壁结构显著不同,导致这两类细菌在染色性、抗原性、毒性、对某些药物的敏感性等方面的很大差异。

三、仪器与药品

1. 菌种

大肠杆菌(*Escherichia coli*)、普通变形杆菌(*Proteus vulgaris*)、枯草芽孢杆菌(*Bacillus subtilis*)、金黄色葡萄球菌(*Staphylococcus aureus*)、嗜热链球菌(*Streptococcus thermopiles*)、红螺旋菌(*rhodospirillum* sp.)斜面培养物。

2. 染液(染色液配制见第一章第六部分染色液及其试剂配制)

(1) 简单染液:吕氏美蓝染液或草酸铵结晶紫染液。

(2) 革兰氏染液:① 草酸铵结晶紫染液(初染液)、②卢戈氏碘液(媒染剂)、③ 95%乙醇溶液(脱色剂)、④ 番红染液或番红酒精溶液(复染剂)。

3. 其他

显微镜、载玻片、接种环、酒精灯、香柏油、二甲苯、无菌水、擦镜纸、火柴或打火机、记号笔等。

四、实验步骤

1. 制片

(1) 涂片：用记号笔在洁净无脂的载玻片右侧，注明菌名，染色类型。在玻片中央滴加一小滴无菌水，用无菌操作方法(图 2-6)从菌种斜面挑取少量菌体与水滴充分混匀，涂成薄膜，涂布面积约 1～1.5 cm^2(图 2-7-A,B)。

(2) 风干：在空气中自然干燥。切勿在火焰上烘烤。

(3) 固定：常用高温进行固定。即手持载玻片一端，将已干燥的涂片向上，在微火上迅速通过 2～3 次，共约 3～4 s，使得菌体与玻片结合牢固(图 2-7-C)。放置待冷却后染色。注意用手摸涂片反面，以不烫手为宜，不能将载玻片放在火上烤，否则细菌形态毁坏。固定的目的是：① 杀死微生物，固定其细胞结构；② 保证菌体能牢固地黏附在载玻片上，以免水洗时被水冲掉；③ 改变菌体对染料的通透性，一般死细胞易被染色。

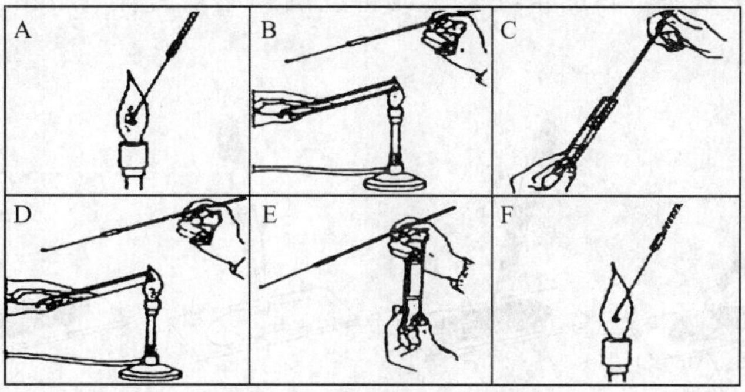

图 2-6　涂片过程的无菌操作

注：此操作在超净工作台进行。操作者双手需用75%乙醇擦拭。如图 2-6A，接种环在火焰上灭菌，需先将环端烧热，然后将接种环提起垂直放在火焰上，以使火焰接触金属丝的范围广一些，待接种环烧红，再将接种环斜放，沿环向上，烧至可能碰到试管的部分，再移向环端，如此很快地来回通过火焰数次。如图 2-6B 到 F 所示，左手拿试管，在火焰旁用右手的手掌边缘和小指、无名指夹持棉塞(或试管帽)，将其取出，将管口很快地通过煤气灯(或酒精灯)的火焰，烧灼管口；将接种环伸入试管，在管壁上稍稍冷却(亦可在琼脂表面边缘空白处试温度，若发出滋滋声，表示太烫)，之后从菌种斜面上挑取少量菌体，再将接种环小心移出试管。烧灼管口，放回棉塞(或试管帽)，将接种环上菌体与水滴充分混匀，涂成薄膜(如图 2-7B)，再将接种环烧灼灭菌。

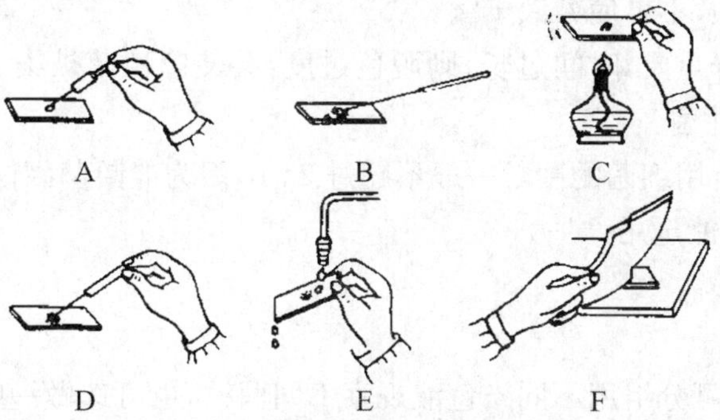

图 2-7　简单染色方法

2. 染色

(1) 简单染色　① 在已制好的涂片菌膜处，滴加吕氏美兰染液染色 3～5 min，或滴加草酸铵结晶紫染液染色 1～2 min（图 2-7-D），注意通常染色时间的长短取决于菌体、染色液的种类和它的浓度。② 用细小的缓水流自标本的上端流下，洗去多余的染料，勿使水流直接冲洗涂菌处，直到流下的水无色为止（图 2-7-E）。③ 将标本置于桌上风干，也可用吸水纸轻轻地吸去水分，或微微加热，以加快干燥速度（图 2-7-F）。④ 干后，待镜检。注意比较不同细菌菌体细胞形态和排列方式。

(2) 革兰氏染色　如图 2-8 所示。① 初染：在已制好的涂片菌膜处滴加草酸铵结晶紫染液，染色 1 min 左右，用水洗去剩余染料。② 媒染：滴加卢戈氏碘液，1 min 后水洗。用滤纸吸干残存水滴。③ 脱色：滴加 95%酒精脱色并轻轻摇动载玻片。直至洗出酒精刚刚不出现紫色时即停止（酒精的浓度、用量及涂片厚度都会影响脱色速度。大约需时 30～60 s）。脱色完毕后，水洗，滤纸吸干。脱色是革兰氏染色中关键的一步。只有仔细操作，反复实践才能获得满意的实验结果。④复染：滴加番红染液或番红酒精染液复染 1 min。水洗，滤纸吸干后，镜检。

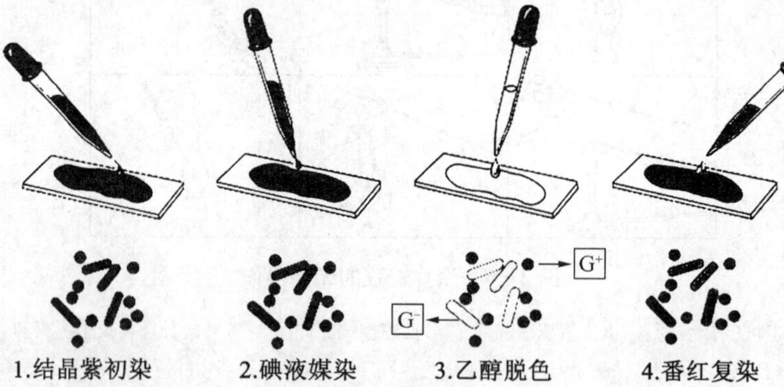

图 2-8　革兰氏染色示意

五、注意事项

(1) 涂片务求均匀，切忌过厚。

(2) 在染色过程中，不可使染液干涸。

(3) 脱色时间十分重要，时间过长，则脱色过度，会使阳性菌被染成阴性菌；脱色不够，则会使阴性菌被染成阳性菌。

(4) 革兰氏染色所用细菌的菌龄一般不超过 24 h，因为老龄菌因体内核酸减少，会使阳性菌被染成阴性菌，故不能选用。

六、实验结果

(1) 单染色结果（可分组用不同染色液观察不同菌种，也可选做一些菌种）。

微生物名称	油镜绘图(注意描绘出细菌大小和排列方式的不同)
大肠杆菌	
普通变形杆菌	
枯草芽孢杆菌	
金黄色葡萄球菌	
嗜热链球菌	
红螺旋菌	

(2) 革兰氏染色结果(可分组观察不同菌种,也可选做一些菌种,注意每组至少做一个革兰氏阳性菌和一个革兰氏阴性菌)。

微生物名称	革兰氏染色结果(说明各菌的颜色)
大肠杆菌	
普通变形杆菌	
枯草芽孢杆菌	
金黄色葡萄球菌	
嗜热链球菌	
红螺旋菌	

七、思考题

(1) 涂片时应注意什么?

(2) 试述革兰氏染色方法、原理及在细菌分类中的意义。并指出革兰氏染色反应中关键步骤,并解释之。

(3) 为什么要求制片完全干燥后才能用油镜观察?

(4) 为什么大多数细菌染色用碱性染料而不用酸性染料进行染色?

实验三　细菌特殊结构染色法(附运动性观察)

一、实验目的和内容

(1) 掌握微生物学中最常用的几种特殊染色法(芽孢、荚膜、鞭毛染色),了解其在研究微生物形态分类中的重要性。

(2) 掌握用压滴法和悬滴法观察细菌的运动。

二、原理

芽孢、荚膜和鞭毛染色都是利用细菌细胞不同的构造部分与染料的亲和力不同,用各种特殊染色法使之显示出不同的颜色,利用显微镜观察。

芽孢染色:芽孢又叫内生孢子(endospore),是某些细菌生长到一定阶段在菌体内形成的休眠体,通常呈圆形或椭圆形。细菌能否形成芽孢以及芽孢的形状、芽孢在芽孢囊内的位置、芽孢囊是否膨大等特征是鉴定细菌的依据之一。由于细菌的芽孢含水量少脂肪含量较高、芽孢壁厚、透性低、不易着色,当用石炭酸复红、结晶紫等进行染色时,菌体和芽孢囊着色,而芽孢囊内的芽孢不着色或仅显很淡的颜色,有的芽孢成淡红或淡蓝色的圆或椭圆形的圈。为了使芽孢着色便于观察,可用芽孢染色法。芽孢染色法是根据细菌的芽孢和菌体对染料的亲和力不同的原理,用不同的染料进行染色,使芽孢和菌体呈不同颜色而便于区别。通常,芽孢染色采用弱碱性染料孔雀绿在加热的条件下进行,染色完毕,用自来水冲洗。因孔雀绿是弱碱性染料,与菌体结合较差,因此易被水冲洗掉,而芽孢中的孔雀绿却难于溶出(因为芽孢一旦着色后又难以脱色)。水洗后,再用一种呈红色的碱性染料加以复染。结果菌体被染成红色,而芽孢呈绿色。

荚膜染色:荚膜是包围在细菌细胞外的一层黏液状或胶质状物质,其成分为多糖、糖蛋白或多肽。由于荚膜与染料的亲和力弱、不易着色,而且可溶于水,易在用水冲洗时被除去。所以观察荚膜通常采用负染色法(衬托染色法),即将菌体和背景染色而把不着色透明的荚膜衬托出来。由于荚膜很薄,易变形,含水量高,制片时通常不用热固定,以免变形影响观察。

鞭毛染色:鞭毛是细菌的运动"器官",一般细菌的鞭毛都极为纤细,直径在 0.1 μm 以下,因此在普通光学显微镜下不能见到,只有用特殊的染色方法才能看到,鞭毛的染色方法很多,但主要的原理都是借媒染剂和染色剂的沉淀作用,使染料堆积在鞭毛上,以加粗鞭毛的直径,同时使鞭毛着色,在普通光学显微镜下能够看到。

在显微镜下观察细菌的运动性,也可以初步判断细菌是否有鞭毛。通常使用压滴法或悬滴法观察细菌的运动性。观察时,要适当减弱光线,增加反差,如果光线很强,细菌和周围的液体就难以辨别。或利用暗视野显微镜可形成黑暗背景、被检物构成亮点的特性,可进行细菌运动方式的观察。

三、仪器与药品

1. 菌种

枯草芽孢杆菌(*Bacillus subtilis*)营养琼脂斜面培养物,或苏云金芽孢杆菌(*Bacillus*

thuringiensis)斜面培养物，可用于芽孢染色观察。

肠膜状明串珠菌(*Leuconostoc mesenteroides*)：斜面培养 20 h 或圆褐固氮菌(*Azotobacter chroococcum*)无氮培养基斜面培养物，可用于荚膜染色观察。

普通变形菌(*Proteus vulgaris*) 斜面培养物，用于鞭毛染色观察。

2. 染料(染色液配方见第一章第六部分染色液及其试剂配制)

(1) 芽孢染色用 A、5%孔雀绿水溶液和 B、0.5%番红水溶液(或 0.05%碱性复红)。

(2) 荚膜染色用 A、石炭酸复红染液和 B、5%黑色素水溶液(或用墨汁)。

(3) 鞭毛染液(三种方法)　鞭毛染色液最好当日配制当日用，次日使用则鞭毛染色浅，观察效果差。

① 硝酸银染色。

② 美蓝染色。

③ 改良利夫森鞭毛染色，试剂配制见第一章第六部分。

3. 用具

显微镜、载玻片、玻片架、滤纸、接种环、无菌水、酒精灯、香柏油、二甲苯、火柴、擦镜纸、吸水纸、小试管、沸水浴(烧杯) 、95%乙醇、凹玻片和盖玻片等。

四、实验步骤

(一) 芽孢染色(孔雀绿染色法)

1. 方法 1

(1) 取 37 ℃培养 18～24 h 的枯草芽孢杆菌(或苏云金芽孢杆菌)作涂片，并干燥，固定(参见“细菌的简单染色与革兰氏染色”)。

(2) 于涂片上滴入 3～5 滴 5%孔雀绿水溶液。

(3) 用试管夹夹住载玻片在火焰上用微火加热，自载玻片上出现蒸汽时，开始计算时间约 4～5 min。加热过程中切勿使染料蒸干，必要时可添加少许染料。

(4) 待玻片冷却后，用水冲洗至孔雀绿不再褪色为止。

(5) 用 0.5%番红液 (或 0.05%碱性复红)复染 1 min，水洗。

(6) 风干后用油镜观察。芽孢被染成绿色，菌体呈红色。

2. 方法 2

(1) 加 1～2 滴自来水于小试管中，用接种环从斜面上挑取 2～3 环培养18～24 h 的枯草芽孢杆菌(或苏云金芽孢杆菌)菌苔于试管中，并充分混匀打散，制成浓稠的菌液。

(2) 加 5% 孔雀绿水溶液 3～4 滴于小试管中，用接种环搅拌使染料与菌液充分混合。

(3) 将此试管浸于沸水浴(烧杯)中，加热 15～20 min。

(4) 用接种环从试管底部挑数环菌于洁净的载玻片上，并涂成薄膜，将涂片通过微火 3 次固定。

(5) 水洗，至流出的水中无孔雀绿颜色为止。

(6) 加番红液 (或 0.05%碱性复红)溶液，染 2～3 min 后，倾去染液，不用水洗，直接用吸水纸吸干。

(7) 干燥后用油镜观察。芽孢为绿色，菌体为红色。

（二）荚膜染色法

1. 石炭酸复红染色

(1) 取培养 20 h 肠膜状明串珠菌和培养了 72 h 的圆褐固氮菌制成涂片，自然干燥（不可用火焰烘干）。

(2) 滴入 1～2 滴 95%乙醇固定（不可加热固定）。

(3) 加石炭酸复红染液染色 1～2 min，水洗，自然干燥。

(4) 在载玻片一端加一滴墨汁，另取一块边缘光滑的载玻片与墨汁接触，再以匀速推向另一端，涂成均匀的一薄层，自然干燥。

(5) 干燥后用油镜观察。菌体为红色，荚膜为无色，背景为黑色。

2. 湿墨汁法

(1) 制菌液：加一滴墨汁于洁净的玻片上，并挑少量菌与其充分混合。

(2) 加盖玻片：放一清洁盖玻片于混合液上，然后在盖玻片上放一张滤纸，向下轻压，吸收多余菌液。

(3) 干燥后用油镜观察。结果：背景灰色，菌体较暗，在其周围呈现一明亮的透明圈即荚膜。

（三）鞭毛染色

1. 活化菌种

将保存的变形菌在新制备的普通牛肉膏蛋白胨斜面培养基上连续移种 3～4 次，每次于 30 ℃培养 10～15 h。活化后菌种备用。因注意培养稍久的菌，鞭毛易脱落，所以要用新鲜的菌体，一般是用经 3～5 代（每代培养时间 16～20 h）的斜面，最后一代接到含 0.8%～1.2%琼脂的软琼脂培养基（带有冷凝水）经 12～16 h 培养得到的菌体为佳。

2. 制片

在干净载玻片的一端滴一滴蒸馏水，以无菌操作，用接种环取一环菌液（注意不要带培养基），在载玻片的水滴中轻沾几下，将载玻片稍倾斜，使菌液随水滴缓缓流到另一端，然后平放，于空气中干燥。切勿用接种环涂抹，以免损伤鞭毛。

3. 染色

(1) 硝酸银染色法

① 滴加鞭毛染色液 A 液，染 3～5 min，用蒸馏水冲洗净 A 液，使背景清洁。（注意：一定要充分洗净 A 液后再加 B 液，否则残留的 A 液与 B 液反应后，使背景呈棕褐色，不易分辨鞭毛）

② 将残水沥干或用 B 液冲去残水。滴加 B 液，使 B 液充满玻片，在微火上加热使微冒蒸汽，并随时补充染料以免干涸，染 30～60 s，待冷却后，用蒸馏水轻轻冲洗，自然干燥或滤纸吸干，镜检先用低倍镜和高倍镜找到典型区域，然后用油镜观察，菌体为黑褐色，鞭毛为深褐色。（注意：观察鞭毛着生位置镜检时应多找几个视野，有时只在部分涂片上染出鞭毛）

③ 鞭毛染色也可采用不加热的方法，但染色时间要长些，一般 A 液染 6～7 min，B 液染 5 min，镜检菌体及鞭毛都呈褐色。

(2) 美蓝染色法

① 媒染液染色 8 min，蒸馏水冲洗（约 30 s，需充分，否则背景不洁净，影响观察），滤纸吸

干残留水分。

② 美蓝染色液染色 6 min,蒸馏水冲洗约 20 s。

③ 用稀盐酸洗液冲洗玻片,至冲洗液变蓝色即可(盐酸冲洗过度,鞭毛会脱落),再用蒸馏水冲洗 20 s,滤纸吸干残留水分,备用镜检。菌体及鞭毛均呈蓝色。

(3) Leifson's 染色法

① 菌液制备及制片方法同硝酸银染色法。

② 划区:用记号笔在载玻片反面将有菌区划分成 4 个区域。

③ 染色:滴加 Leifson's 鞭毛染色液覆盖第一区菌面,间隔数分钟后滴加染液覆盖第二区菌面,以此类推至第四菌面。间隔时间根据实验摸索确定,其目的是确定最佳染色时间,一般染色时间大约需要 10 min。染色过程中仔细观察,当玻片出现铁锈色沉淀,染料表面出现金色膜时,立即用水缓慢冲洗,自然干燥。

④ 镜检:用油镜镜检观察。

(四) 细菌运动的观察

1. 压滴法

(1) 制备菌液:从幼龄菌斜面上,挑数环菌放在装有 1～2 mL 无菌水的试管中,制成轻度浑浊的菌悬液。

(2) 取 2～3 环稀释菌液于洁净载玻片中央,再加入一环 0.01%的美蓝水溶液,混匀。

(3) 用镊子取清洁的盖玻片。由一端与玻片的菌液接触,徐徐放下盖玻片,注意避免产生气泡。

(4) 镜检:将光线适当调暗,先用低倍镜找到观察部位,再用高倍镜观察。要区分细菌鞭毛运动和布朗运动,后者只是在原处左右摆动,细菌细胞间有明显位移者,才能判定为有运动性。

2. 悬滴法

(1) 取清洁的凹玻片和盖玻片各一片。

(2) 用火柴棒取少许凡士林涂于盖玻片的四角。

(3) 在盖玻片中央用接种环蘸取一小滴无菌水,然后用无菌操作取少许菌苔在水滴上轻沾一下,注意水滴大小要适宜,放菌苔时不要使水滴破散。

(4) 将凹玻片的凹窝向下,使凹窝中心对准盖玻片中央的菌液,轻轻地盖在盖玻片上,使凹玻片与盖玻片粘在一起,以免蒸发。(注意液滴不得与凹玻片接触)

(5) 小心将玻片翻转过来,使菌液正好悬在窝的中央。再用火柴棒轻压盖玻片使四周封闭,以防菌液干燥。

(6) 镜检:将光线适当调暗,先用低倍镜找到悬滴的边缘后,再将菌液移至视野中央,换高倍镜观察,注意细菌是如何运动的,它与分子布朗运动的不同。

五、注意事项

(1) 载玻片必须清洁、光滑,无油迹。

(2) 荚膜染色中的固定不可用热固定。

(3) 对于观察鞭毛的菌种,需选用新鲜的幼龄菌种,观察时需注意区分鞭毛运动和分子的布朗运动。

六、实验结果

(1) 绘出所观察细菌的特殊结构。注意描绘出芽孢的形状和着生位置,鞭毛位置及数目。

(2) 将本次实验观察结果记录在下表:

类别 菌名	芽孢染色		荚膜染色			鞭毛染色		
	菌体颜色	芽孢颜色	菌体颜色	荚膜颜色	背景颜色	菌体颜色	鞭毛颜色	鞭毛位置及数目

七、思考题

(1) 芽孢染色是否还可以用石炭酸复红初染、吕氏美蓝液复染观察?如果可以,芽孢和菌体各呈什么颜色?

(2) 组成荚膜的成分是什么?除了石炭酸复红染色和湿墨汁法,还有哪些方法能用于荚膜染色?为什么荚膜染色涂片不要用加热固定?

(3) 为什么芽孢和鞭毛染色用的菌种应控制菌龄?

(4) 试设计实验如何鉴定某一产芽孢菌株的芽孢形态、着生位置及所属分类地位。

(5) 本实验为何采用这些菌株作为实验材料?

实验四　放线菌的形态观察(含电镜观察)

一、实验目的和内容

(1) 掌握观察放线菌形态的基本方法(插片培养法、玻璃纸法、印片法),辨认放线菌的营养菌丝、气生菌丝、孢子丝和孢子的形态。

(2) 了解电子显微镜的工作原理,学习并掌握制备电镜标本的方法。

二、原理

放线菌是抗生素的产生菌,其形态是菌种鉴定和分类的重要依据。为此,人们设计了许多方法来培养和观察放线菌的形态特征。放线菌是指一类主要呈丝状生长和以孢子繁殖的革兰氏阳性细菌。放线菌的形态比细菌复杂,但仍属于单细胞。在显微镜下,放线菌呈分枝丝状,我们把这些细丝一样的结构叫做菌丝,菌丝直径与细菌相似,小于 1 μm。菌丝细胞的结构与细菌基本相同。

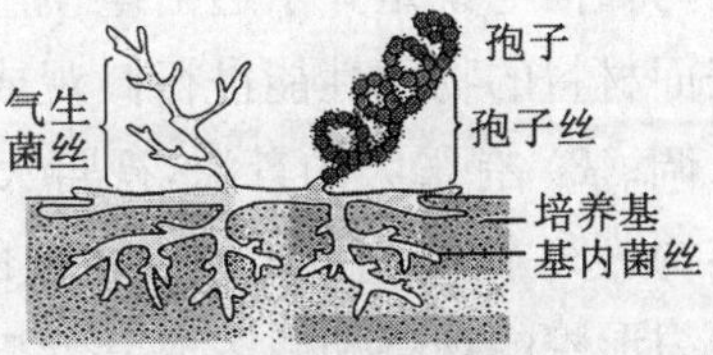

图 2-9　链霉菌的一般形态和构造(模式图)

根据菌丝形态和功能的不同,放线菌菌丝可分为基内菌丝、气生菌丝和孢子丝三种(见图 2-9)。在显微镜下观察时,一般气生菌丝颜色较深,比基内菌丝粗;而基内菌丝色浅、发亮。放线菌生长到一定阶段,大部分气生菌丝分化成孢子丝,通过横割分裂的方式产生成串的分生孢子。孢子丝形态多样,有直、波曲、钩状、螺旋状、轮生等多种形态。孢子也有圆形、椭圆形、杆状、圆柱状、瓜子状、梭状和半月状等。孢子的颜色十分丰富。孢子表面的纹饰因种而异,在电子显微镜下清晰可见,有的光滑,有的褶皱状、疣状、刺状、毛发状或鳞片状,刺又有粗细、大小、长短和疏密之分。它们的形态构造都是放线菌分类鉴定的重要依据。链霉菌属是放线菌中种类最多、分布最广、形态特征最典型的类群。因此本实验选择细黄链霉菌(*Streptomyces microflavus*)作为实验菌种。本实验将介绍以下几种观察放线菌形态的基本方法。

插片培养法:将放线菌菌种接在适合放线菌生长的平板培养基上,用玻璃刮铲涂布均匀,然后将灭过菌的盖玻片斜插入固体培养基中,使放线菌菌丝沿着培养基表面与盖玻片的交接处生长而附着在盖玻片上。置于 28～32 ℃下培养,3～5 d 后取出。观察时,轻轻取出盖玻片,置于载玻片上直接镜检。这种方法可观察到放线菌自然生长状态下的特征,而且便于观察不同生长期的形态。

玻璃纸法:放线菌自然生长的个体形态的观察现多用玻璃纸琼脂透析培养法。玻璃纸是一种透明的半透膜,其透光性与载玻片基本相同,将灭菌的玻璃纸覆盖在琼脂平板表面,然后将放线菌接种于玻璃纸上,经培养,放线菌在玻璃纸上生长形成菌苔。观察时,揭下玻璃纸剪取小片,贴放在载玻片上,直接镜检可见到放线菌自然生长的个体形态。这种方法与插片培养法一样,既能保持放线菌的自然生长状态,也便于观察不同生长期的形态特征。

印片法:将要观察的放线菌的菌落或菌苔,先印在载玻片上,经染色后观察。这种方法主要用于观察孢子丝的形态、孢子的排列及其形状等。方法简便,但形态特征可能有所改变。

另外本实验利用扫描电镜观察细黄链霉菌。先将电子显微镜基本知识介绍如下:

电子显微镜,简称电镜,是根据电子光学原理,用电子束和电子透镜代替光束和光学透镜,使物质的细微结构在非常高的放大倍数下成像的仪器。发射电子流的电子源部分称为电子枪,电子枪由发射电子的"V"形钨丝及阳极板组成,在高真空中,钨丝被加热到白炽程度,其尖端便发射出电子,发射出来的电子受到阳极很高的正电压的吸引,使电子得到很大的加速度而到达样品。电压越高,电子流速度越快,波长越短,其分辨能力也越强。一般用 50～100 kV 电压时,电子波长在 0.005 4～0.003 7 nm,所以电子显微镜的分辨力极高,可达 0.1～0.2 nm 左右,此分辨力比光学显微镜提高了近千倍。

电子显微镜按结构和用途可分为透射式电子显微镜、扫描式电子显微镜、反射式电子显微镜和发射式电子显微镜等。透射式电子显微镜(Transmission Electron Microscope,简写为 TEM),分辨力虽然很高,但是一般只能观察切成薄片后的二维图像,常用于观察那些用普通显微镜所不能分辨的细微物质结构;扫描电镜即扫描电子显微镜(Scanning Electron Microscope,简称 SEM),主要用于观察样品的表面形貌、割裂面结构、管腔内表面的结构等;发射式电子显微镜用于自发射电子表面的研究。本实验主要利用扫描电镜观察细黄链霉菌。

因为扫描电镜是介于透射电镜和光学显微镜之间的一种微观形貌观察手段，可直接利用样品表面材料的物质性能进行微观成像。其优点是：(1) 有较高的放大倍数，20～20 万倍之间连续可调；(2) 有很大的景深，视野大，成像富有立体感，可直接观察各种试样凹凸不平表面的细微结构；(3) 试样制备简单。目前的扫描电镜都配有 X 射线能谱仪装置，这样可以同时进行显微组织形貌的观察和微区成分分析，因此它是当今十分有用的科学研究仪器。

从图 2-10 上可以看到构成扫描电镜的主要部件及其位置。扫描电子显微镜由三大部分组成：真空系统、电子束系统以及成像系统。真空系统用以保障显微镜内的真空状态，因为在电子流的通路上不能有游离的气体分子存在，否则由于气体分子与电子的碰撞而造成电子的偏转，导致物像散乱不清。电子束系统由电子枪和电磁透镜两部分组成，主要用于产生一束能量分布极窄的、电子能量确定的电子束用以扫描成像。成像系统：电子经过一系列电磁透镜成束后，打到样品上与样品相互作用，会产生次级电子、背散射电子、俄歇电子以及 X 射线等一系列信号。所以需要不同的探测器譬如次级电子探测器、X 射线能谱分析仪等来区分这些信号以获得所需要的信息。虽然 X 射线信号不能用于成像，但习惯上，仍然将 X 射线分析系统划分到成像系统中。

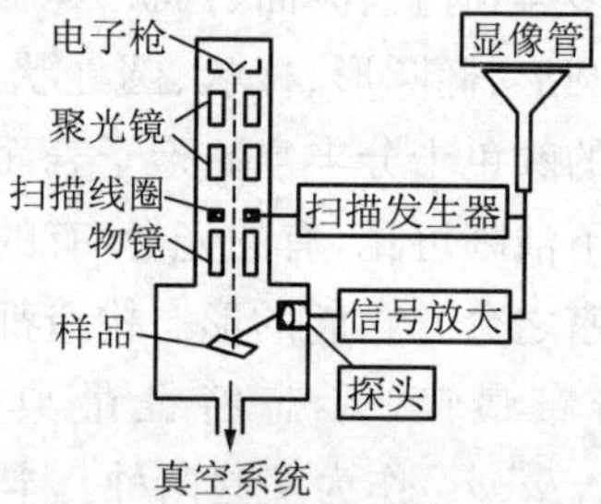

图 2-10　传统扫描电镜的主体结构

扫描电镜以观察样品的表面形态为主。其样品制备必须满足以下要求：(1) 保持完好的组织和细胞完整形态。(2) 充分暴露要观察的部位。(3) 良好的导电性和较高的二次电子产额。(4) 保持充分干燥的状态。因此，在制备扫描电镜生物样品时，一般都需采用固定、脱水、干燥及表面镀金等处理步骤。但微生物体积微小，若采用此常规方法，不但收集菌体困难，而且在处理时大量样品会流失，也不能保持微生物生长的自然状态。因此本实验介绍一种简便可靠的微生物扫描电镜制样方法。

三、仪器与药品

(1) 菌种：细黄链霉菌(*streptomyces microflavus*) 斜面。

(2) 培养基：高氏Ⅰ号琼脂培养基(见实验九)。

(3) 染色液：石炭酸复红染色液。

(4) 器材：打孔器、无菌平皿、玻璃纸、9 mL 无菌水若干支、酒精灯、火柴、接种环、镊子、玻璃刮铲、1 mL 无菌吸管、剪刀、载玻片、盖玻片、滤纸、医用小砂轮、光学显微镜、扫描电子显微镜、超净工作台，恒温培养箱，高压蒸汽灭菌器等。

四、实验步骤

1. 插片培养法

(1) 倒平板：将高氏Ⅰ号培养基熔化后，倒 10～12 mL 左右于灭菌培养皿内，凝固后使用。

(2) 接种：将放线菌斜面菌种制成孢子悬液后(浓度以 10^{-2}～10^{-3} 为好)，取 0.2 mL 放在平板培养基上，用玻璃刮铲涂布均匀，或用接种环挑取细黄链霉菌孢子在高氏Ⅰ号琼脂平板上划线接种，划线要密些，以便插片培养。

(3) 插片：将灭菌的盖玻片以45°角插入培养皿内的培养基中，插入深约为$\frac{1}{2}$或$\frac{1}{3}$。

(4) 培养：放置28 ℃培养3～7 d。

(5) 观察：培养后菌丝体生长在培养基及盖玻片上，小心用镊子将盖玻片抽出，轻轻擦去生长较差的一面的菌丝体，将生长良好的菌丝体面向载玻片，压放于载玻片上。直接在显微镜下观察。

2. 玻璃纸法

(1) 将玻璃纸剪成培养皿大小，灭菌。在玻璃纸灭菌时，若直接将干燥的玻璃纸灭菌，它就会缩小，不便使用。故需作如下处理：将玻璃纸和滤纸剪成培养皿大小的圆形纸片，用水浸泡后把湿滤纸和玻璃纸交互重叠地放在培养皿中，借滤纸将玻璃纸隔开。然后进行湿热灭菌，备用。

(2) 将放线菌斜面菌种制成10^{-3}的孢子悬液。

(3) 将高氏Ⅰ号琼脂培养基熔化后在火焰旁倒入无菌培养皿内，每皿倒15 mL左右，待培养基凝固后，在无菌操作下用镊子将无菌玻璃纸覆盖在琼脂平板上即制成玻璃纸琼脂平板培养基。

(4) 分别用1 mL无菌吸管取0.2 mL细黄链霉菌孢子悬液，滴加在玻璃纸琼脂平板培养基上，并用无菌玻璃刮铲涂抹均匀。

(5) 将接种的玻璃纸琼脂平板置28～30 ℃下培养。

(6) 在培养至3 d、5 d、7 d时，从温室中取出平皿。在无菌环境下，打开培养皿，用无菌镊子将玻璃纸与培养基分离，用无菌剪刀取小片置于载玻片上，并使有菌面向上。注意在玻璃纸与载玻片间不能有气泡，以免影响观察。用显微镜观察，先用低倍镜观察菌的立体生长状况，再用高倍镜仔细观察。注意区分细黄链霉菌的基内菌丝、气生菌丝和弯曲状或螺旋状的孢子丝，绘图。

3. 印片法

用镊子取洁净载玻片并微微加热，然后用这微热载玻片盖在长有细黄链霉菌的平皿上，轻轻压一下，注意将载玻片垂直放下和取出，印片时不要用力过大压碎琼脂，也不要错动，以免改变放线菌的自然形态，反转有印痕的载玻片微微加热固定。用石炭酸复红染色1 min，水洗，晾干。用油镜观察，绘图。

4. 扫描电子显微镜观察细黄链霉菌

(1) 倒平板：将高氏Ⅰ号培养基熔化冷却至50 ℃后，倒15 mL左右于灭菌培养皿内，凝固后使用。

(2) 接种：用接种环挑取细黄链霉菌孢子在高氏Ⅰ号琼脂平板上划线接种，划线要密些，以便插片培养。

(3) 插片：将灭菌的盖玻片以45°角插入培养皿内的培养基中，插入深约为$\frac{1}{2}$或$\frac{1}{3}$(插在接种线上，与划线垂直)，插片数量可根据需要而定，一般2～3块。

(4) 培养：插片后平板倒置，放入28 ℃培养7～10 d。

(5) 光镜检查：用镊子小心拔出盖玻片，擦去背面培养物，然后将有菌的一面朝上放在载玻片上，直接用高倍镜镜检，确定目标在观察盖玻片的部位。

（6）制样及电镜观察：用医用小砂轮将盖玻片进行切割，样品部位约为盖玻片$\frac{1}{4}$大小即可，用导电胶或双面胶将盖玻片粘在样品台上，将样品直接放入真空离镀膜机内，把金喷镀到样品表面，可获得均匀的细颗粒薄金属镀层。然后取出样品在扫描电镜下观察，拍摄照片。

五、注意事项

（1）培养放线菌要注意，放线菌的生长速度较慢，培养期较长，在操作中注意无菌操作。

（2）进行放线菌制片时减少空气流动，避免吸入孢子。

（3）不同观察方法中严格按要求进行，注意菌体的上下位置。

（4）玻璃纸法培养接种时注意玻璃纸与平板琼脂培养基间不宜有气泡，以免影响其表面放线菌的生长。

（5）印片过程中，用力要轻，且不要错动，染色水洗时水流要缓，以免破坏孢子丝的形态。

六、实验结果

	细黄链霉菌绘图	方法比较
插片培养法		
玻璃纸法		
印片法		
扫描电镜观察		

七、思考题

（1）在高倍镜或油镜下如何区分放线菌的基内菌丝和气生菌丝？

（2）用插片法和玻璃纸覆盖法制备放线菌标本，各自主要优点是什么？可否用这两种方法观察其他微生物？为什么？

（3）本实验所用放线菌扫描电镜插片法与常规扫描电镜制样方法有何区别？

实验五　酵母的形态观察及死活细胞的鉴别

一、实验目的和内容

(1) 学会对酵母菌制片的方法，观察酵母菌的形态及出芽生殖方式。

(2) 学习区分酵母菌死活细胞的实验方法。

(3) 掌握酵母菌与一般细菌在形态特征上的区别。

(4) 了解酵母菌产生子囊孢子的条件及其形态。

二、原理

1. 采用美蓝染液水浸片法和水-碘液浸片法观察酵母菌

酵母菌是多形的、不运动的单细胞真核微生物，细胞核与细胞质已有明显的分化，其大小通常比常见细菌大几倍。繁殖方式也较复杂，大多数酵母以出芽方式进行无性繁殖，仅裂殖酵母属是以分裂方式繁殖；有性繁殖是通过接合产生子囊孢子。

由于酵母细胞个体大，采取涂片的方法制片有可能损伤细胞，一般通过美蓝染液水浸片法或水-碘液浸片法来观察酵母菌形态和出芽生殖方式。

此外，采用美蓝染液水浸片法还可以对酵母菌的死活细胞进行鉴别。美蓝是一种无毒性染料，它的氧化型呈蓝色，还原型无色。用它对酵母菌的活细胞进行染色时，由于细胞的新陈代谢作用，使细胞内具有较强的还原能力，能使美蓝由蓝色的氧化型变为无色的还原型。因此，具有还原能力的酵母菌活细胞是无色的，而对于死细胞或代谢缓慢的老细胞，则因它们无此还原能力或还原能力极弱，而被美蓝染成蓝色或淡蓝色。但美蓝的浓度、作用时间等均有影响，应加注意。

2. 暗视野显微镜鉴别酵母死活细胞

将不经染料染色的活细胞(水封片)在普通光学显微镜(明视野)下进行观察，当光线通过透明的标本时，由于细胞内物质的折光率与水相近，明亮的视野背景与明亮的菌体不易分辨，如果将背景变暗，使标本与背景形成强烈的明暗反差，则菌体在暗背景中会成为明亮的亮点。暗视野显微镜则是采用一种特殊的聚光器，在聚光器的下方中央为圆形黑盘所遮，光仅由周缘进入，使光会聚于载玻片上，并斜照物体，物体经斜射照明后，发出反射光可进入物镜，这样，造成显微镜视野黑暗，而其中的物体明亮来观察菌体。在暗视野中所观察到的是被检物体的衍射光图像，并非物体的本身，所以只能看到物体的存在和运动，不能辨清物体的细微结构。暗视野显微镜主要用于观察细菌、螺旋体及其运动。

在暗视野中，由于有些活细胞其外表比死细胞明亮，所以暗视野也被用来区分死活细胞，此技术现已被用于各种酵母细胞的死活鉴别。

暗视野显微镜与明视野显微镜构造上的差别主要在于聚光器，一般的显微镜都可以通过更换聚光器而实现暗视野工作状态，在无暗视野聚光器时，可用厚黑纸片制作一个中央遮光板，放在普通显微镜的聚光器下方的滤光片框上，也能得到暗视野效果。

3. 酵母菌子囊孢子的观察

酵母菌的子囊孢子生成与否及其形状是酵母分类上的重要依据。一部分酵母菌只有当它在最适条件下，才能观察到形成的子囊孢子，不同种属的酵母菌形成子囊孢子的条件不同。葡萄糖—醋酸盐培养基特别有利于酿酒酵母子囊孢子的形成。本实验用生长在此培养基上的酿酒酵母为材料，进行子囊孢子的观察。

三、仪器与药品

(1) 菌种：酿酒酵母(*Saccharomyces cerevisiae*)。

(2) 溶液或试剂：麦芽汁培养基、麦氏(McCLary)培养基(醋酸钠培养基)、0.05%和0.1%吕氏碱性美蓝染色液、革兰氏染色用碘液、无菌水、香柏油、孔雀绿染液、0.5%沙黄液、95%乙醇等。

(3) 仪器或其他用具：显微镜、暗视野显微镜、载玻片、擦镜纸、盖玻片、接种环等。

四、实验步骤

1. 美蓝染液水浸片法和水-碘液浸片法

(1) 美蓝浸片的观察

① 在载玻片中央加一滴0.1%吕氏碱性美蓝染色液，液滴不可过多或过少，以免盖上盖玻片时，溢出或留有气泡。然后按无菌操作用接种环在酵母菌斜面上挑取少量菌苔放在染液中，混合均匀。

② 用镊子取一块盖玻片，先将一边与菌液接触，然后慢慢将盖玻片放下使其盖在菌液上。盖片时应注意，不能将盖玻片平放下去，以免产生气泡影响观察。

③ 将制好的水浸片放置约3 min后镜检，先用低倍镜，然后用高倍镜区分其母细胞与芽体，区分死细胞(蓝色)与活细胞(不着色)。在一个视野里计数死细胞和活细胞，共计数5～6个视野。

酵母菌死亡率一般用百分数来表示，以下式来计算：

$$死亡率(\%)=\frac{死细胞总数}{死活细胞总数}\times 100\%$$

④ 染色约0.5 h后再次进行观察，注意死细胞数量是否增加。

⑤ 用0.05%吕氏碱性美蓝染液重复上述操作，注意与0.1%吕氏碱性美蓝染色液的区别。

(2) 水-碘液浸片的观察

在载玻片中央加一小滴革兰氏染色用碘液，然后在其上加3小滴水(即稀释4倍)，然后按无菌操作取少许酵母菌苔放在水-碘液中，使菌体与溶液混匀，盖上盖玻片后镜检。

2. 暗视野显微镜鉴别酵母死活细胞

(1) 将显微镜的聚光器换成暗视野聚光器。

(2) 选厚薄在1.0～1.2 mm的干净载玻片一块，滴上酿酒酵母悬液，加盖玻片，切勿产生气泡，制成水浸片。(注意：选择的载玻片厚度为1.0 mm左右，盖玻片厚度宜在0.16 mm以下，这由于暗视野聚光镜的数值孔径都较大，焦点较浅，因此，过厚被检物体无法调在聚光镜焦点处。同时载玻片、盖玻片应很清洁，无油脂及划痕，否则都会严重地扰乱最终的像)

(3) 将聚光镜光圈调至1.4，光源的光圈孔调至最大。

(4) 在聚光器上放一大滴香柏油，将标本置载物台上，旋上聚光器使油与载玻片接触。注意聚光镜与载玻片之间滴加的香柏油要充满，否则照明光线于聚光镜上面进行全面反射，达不到被检物体，从而不能得到暗视野照明。

(5) 用低倍物镜及目镜进行配光对准物体，调节聚光器的高度，通过目镜可见到一个中间有黑点的光圈，仔细调节聚光器的高度(上升或下降)，最后成为一光亮的光点，光点愈小愈好，由此点将聚光器上下移动时均使光点增大。如果聚光器能水平移动并附有中心调节装置，则应首先进行中心调节，使聚光器的光轴与显微镜的光轴严格位于一直线上。

(6) 转移所需目镜及高倍物镜，调整焦距至视野中心出现发光的菌体。

(7) 在盖玻片上滴一滴香柏油，并将油镜转至应在位置调节配光，进行观察，注意区分死活细胞。

(8) 观察完毕，擦去聚光器上的香柏油，并参照普通光学显微镜的要求，妥善清洁镜头及其他部件。

3. 酵母菌子囊孢子的观察

(1) 活化：将酿酒酵母先移种到新鲜的麦芽汁培养基上，置于 28 ℃下培养 1～2 d，如此活化 2～3 次后，备用。

(2) 转接产孢培养基：用接种环取活化后的培养物，转接至麦氏(McCLary)培养基(醋酸钠培养基)上，置于 30 ℃下恒温培养 14 d。

(3) 观察：挑取少许产孢菌苔于载玻片的水滴上，经涂片、热固定后，加数滴孔雀绿，1 min 后水洗，加 95%乙醇 30 s，水洗，最后用 0.5%沙黄液复染 30 s，水洗去染色液，最后用吸水纸吸干。制片干燥后，镜检，子囊孢子呈绿色，子囊为粉红色。注意观察子囊孢子的数目、形状和子囊的形成率。

另一种观察子囊孢子的染色方法：加石炭酸复红染液于固定涂片处，在火焰上加热 5～10 min(不能沸腾)，用酸性酒精冲洗 30～60 s，再用水洗去酒精，加吕氏碱性美蓝染液数滴，数秒钟后用水洗去，水干后置显微镜下观察，结果孢子为赤色，菌体为青色。

(4) 计算子囊形成的百分率：计数时随机取 3 个视野，分别计数产子囊孢子的子囊数和不产孢子的细胞，然后按下列公式计算：

$$\text{子囊形成率}(\%)=\frac{3\text{个视野中形成子囊的总数}}{3\text{个视野中}(\text{形成子囊的总数}+\text{不产孢子细胞总数})}\times 100\%$$

五、注意事项

(1) 制作美蓝染液水浸片和水-碘液浸片时，盖片时应注意，不能将盖玻片平放下去，以免产生气泡影响观察。

(2) 暗视野显微镜应尽量在光线较暗的环境中使用，同时使用的载玻片、盖玻片应很清洁，不易过厚，无油脂及划痕，否则都会严重地扰乱最终的物像。

(3) 暗视野显微镜使用时应使聚光器的光轴与显微镜的光轴严格位于一直线上。

六、实验结果

(1) 绘图说明你所观察到的酿酒酵母菌的形态特征、出芽生殖情况和子囊孢子形态图。

(2) 观察吕氏碱性美蓝浓度及作用时间与酿酒酵母死活细胞数量变化的情况并填下表。

吕氏碱性美蓝浓度	0.1%		0.05%	
作用时间	3 min	30 min	3 min	30 min
每视野活细胞数/个				
每视野死细胞数/个				
死亡率%				

(3) 计算子囊形成率。

七、思考题

(1) 吕氏碱性美蓝染液浓度和作用时间的不同,对酵母菌死细胞数量有何影响?试分析其原因。

(2) 在显微镜下,酵母菌有哪些突出的特征区别于一般细菌?

(3) 观察活细胞的个体形态,你认为用显微镜的明视野好,还是暗视野好?为什么?

(4) 暗视野观察时,对所用的载玻片、盖玻片有何要求?为什么?

(5) 试设计一个从子囊中分离子囊孢子的实验方案。

实验六　霉菌的形态观察

一、实验目的和内容

(1) 了解观察霉菌形态的基本方法(直接制片观察法、玻璃纸培养观察法、插片培养法、小室培养),重点掌握直接制片观察法和小室培养。

(2) 了解四类常见霉菌(曲霉、青霉、根霉和毛霉)的基本形态特征。

二、原理

霉菌除少数为单细胞外,基本构造都是分枝或不分枝的菌丝。低级的霉菌其丝状管道中无横隔,因此其菌丝体内含有许多细胞核。而在一些比较高等的霉菌丝状管道中皆有横隔,由横隔将菌丝隔成许多细胞。与放线菌类似,菌丝也可分为基内菌丝和气生菌丝,气生菌丝生长到一定阶段分化产生繁殖菌丝,由繁殖菌丝产生孢子。霉菌菌丝体(尤其是繁殖菌丝)及孢子的形态特征是识别不同种类霉菌的重要依据。但霉菌菌丝和孢子的宽度通常比放线菌粗得多(约为 3～10 μm),因此,用低倍显微镜即可观察。

观察霉菌的形态有多种方法,以下四种是常用的观察方法。

直接制片观察法:霉菌菌丝较粗大,细胞易收缩变形,而且孢子很容易飞散,所以制标本时常将培养物置于乳酸石炭酸棉蓝染色液中,制片镜检。用此染液制片的特点是:细胞不变形、具有防腐作用、不易干燥、能保持较长时间、能防止孢子飞散、染液的蓝色能增强反差。必要时,还可用树胶封固,制成永久标本长期保存。

小室培养(载玻片培养观察法):用无菌操作将少量培养基琼脂置于载玻片上,接种后盖上盖玻片培养,霉菌即在载玻片和盖玻片之间的有限空间内沿盖玻片横向生长。培养一定时间后，将载玻片上的培养物置于显微镜下观察。带有培养基的小空间可以造成霉菌适宜的生长环境，这样培养的微生物可以保持菌体完整的自然形态和结构，还便于观察不同发育期的培养物。此法最适合进行霉菌的分生孢子梗、分生孢子、孢子囊柄等的观察，也适合放线菌的形态观察。

插片培养法和玻璃纸培养观察法：与放线菌的培养观察方法相似。这种方法用于观察不同生长阶段霉菌的形态，也可获得良好的效果。

三、仪器与药品

(1) 菌种：产黄青霉(*Penicillium chrysogenum*)、黑曲霉(*Aspergillus niger*)、黑根霉(*Rhizopus nigrians*)、总状毛霉(*Mucor racemosus*)等培养 2～5 d 的马铃薯琼脂斜面培养物。

(2) 培养基：PDA 培养基或察氏琼脂。

(3) 溶液或试剂：乳酸石炭酸棉蓝染色液。

(4) 仪器或其他用具：无菌吸管、平皿、载玻片、盖玻片、“U”形玻璃棒、解剖针、解剖刀、镊子、圆形滤纸片、接种环、50%乙醇，20%的甘油，培养箱以及显微镜等。

四、实验步骤

1. 直接制片观察法

在洁净的载玻片上，加一滴乳酸石炭酸棉蓝染色液，用解剖针小心地从霉菌菌落边缘处挑取少量已产孢子的菌丝体，先置于 50%乙醇中浸一下以洗去脱落的孢子，再放在载玻片上的染液中，加盖盖玻片，勿压入气泡，置于显微镜下观察菌丝的分隔情况、孢子柄、孢子形状、类型和颜色等。先置低倍镜下观察，必要时换高倍镜观察。

2. 小室培养(载玻片培养观察法)

(1) 培养小室的灭菌：在培养皿底铺一张圆形滤纸，其上放“U”形玻璃棒，再在玻璃棒放一张载玻片，载玻片上置两张盖玻片，装置如图 2－11，盖上皿盖，外用纸包扎，灭菌后烘干备用。

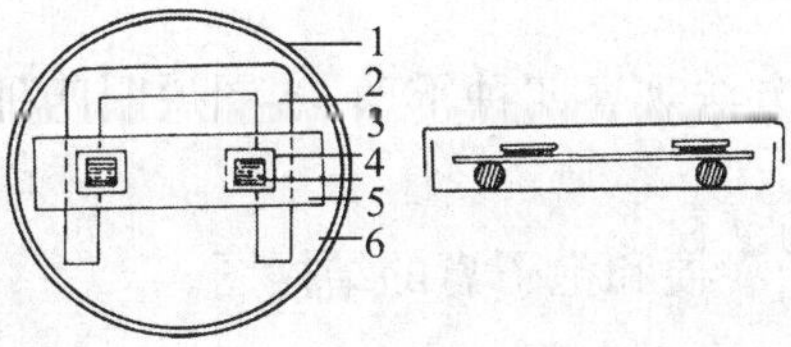

图 2－11 载玻片培养观察法示意图 左：正面观，右：侧面观

1. 培养皿；2. “U”形玻璃棒；3. 盖玻片；4. 培养基；5. 载玻片；6. 圆形滤纸

(2) 琼脂块的制作：取已灭菌的马铃薯琼脂(或察氏琼脂)培养基 6～7 mL 注入另一灭菌平皿中，制成一厚约 3～4 mm 的薄层，待冷凝后，用无菌小刀切成 10 mm×10 mm 的小块。并用无菌镊子将其移至上述培养室中的载玻片上(每片放两块)。

(3) 接种：用接种环在上述载玻片培养基四周接上少量待观察的霉菌孢子，盖上盖玻片。形成一个小室，孢子萌发，菌丝沿培养基小块四周生长。注意接种时只要将带菌的接种环在载玻片上轻轻碰几下即可；盖玻片不能紧贴载玻片，要彼此有极小缝隙，一是为了通气；二是使各部分结构平行排列，易于观察。

(4) 倒保湿剂:在培养皿内的圆形滤纸上,滴加无菌 20%甘油 3~4 mL。使皿内的滤纸完全润湿,以保持皿内湿度,皿盖上注明菌名、组别和接种日期。

(5) 28 ℃温箱中培养:从培养 16~20 h 开始,通过连续观察,可了解孢子的萌发、菌丝体的生长分化和子实体的形成过程。将小室内的载玻片取出,直接置于低倍镜和高倍镜下观察曲霉、青霉、毛霉、根霉等霉菌的形态,重点观察菌丝是否分隔,曲霉和青霉的分生孢子形成特点,曲霉的足细胞,根霉和毛霉的孢子囊和孢囊孢子,绘图。

3. 黑根霉假根的观察

根霉的气生菌丝遇到基质以外的障碍(如玻璃壁)可分化出假根。

将融化的 PDA 培养基,冷却至 50 ℃倒入无菌平皿,其量约为平皿高度的$\frac{1}{2}$。冷凝后,用接种环蘸取根霉孢子,在平板表面划线接种。然后将平皿倒置,在皿盖内放一无菌载玻片,于 28 ℃培养 2~3 d 后,可见根霉的气生菌丝倒挂成胡须状,有许多菌丝与载玻片接触,并在载玻片上分化出假根和匍匐菌丝等结构。在低倍镜或高倍镜下,观察皿盖或载玻片可见到假根、孢子囊梗、孢子囊等结构(见图 2-12)。观察时注意调节焦距以看清各种构造。

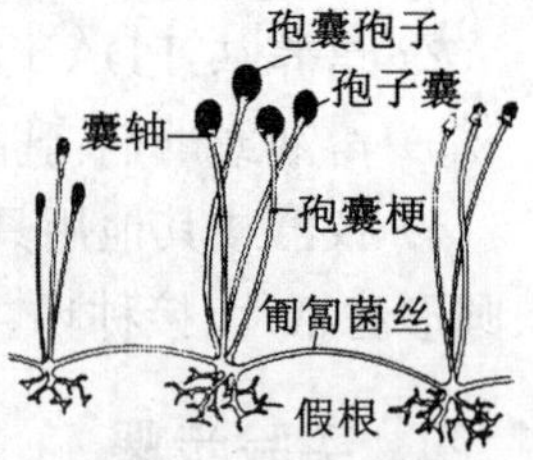

图 2-12 根霉

五、注意事项

(1) 进行霉菌制片时,减少空气流动,避免吸入孢子。

(2) 直接制片观察时,注意挑菌和制片时要细心,尽可能保持霉菌自然生长状态;加盖玻片时勿压入气泡,以免影响观察。

(3) 在小室培养观察时,注意无菌操作,接种量要少,并且尽可能将孢子分散接种在琼脂块边缘,避免培养后菌丝过于密集影响观察。

六、实验结果

(1) 可分组采用上述两种方法观察四种霉菌,绘图说明四种霉菌的形态特征,比较直接制片观察法和小室培养法。

(2) 绘制黑根霉假根、孢子囊梗和孢子囊的结构图。

七、思考题

(1) 列表比较各类霉菌在形态结构上有何异同?

(2) 比较细菌、放线菌、酵母菌和霉菌形态上的异同。

(3) 什么叫载玻片培养观察法?它适用于观察怎样的微生物?有何优点?

(4) 小室培养时为何用 20%甘油作保湿剂?

(5) 本实验中观察假根的设计原理是什么?此设计还适合于培养哪类菌?

(6) 写出玻璃纸培养观察法和插片培养法观察霉菌形态的实验步骤。

实验七　微生物测微技术

一、实验目的和内容

掌握使用测微尺测定微生物细胞大小的方法，增强对微生物细胞大小的感性认识。

二、原理

微生物细胞的大小是微生物重要的形态特征之一，由于菌体很小，只能在显微镜下来测量。测定微生物细胞的大小对了解微生物的形态特征以及在分类鉴定方面，都是一项重要的内容。用于测量微生物细胞大小的工具有目镜测微尺和镜台测微尺。

目镜测微尺是一块圆形的玻片，其中央有一细长带刻度的尺，把 5 mm 长度刻成 50 等分，或把 10 mm 长度刻成 100 等分。（如图 2－13 左所示，5：50 就是将 5 mm 长度刻成 50 等分）。测量时将其放在接目镜的隔板上（此处正好与物镜放大的中间像重叠）。因此，目镜测微尺不是直接测量细菌而是观测显微镜放大的物像。由于不同目镜、物镜组合的放大倍数不相同，故目镜测微尺实际表示的长度也随显微镜放大倍数不同而异。因此目镜测微尺测量微生物大小时须用镜台测微尺校正，以求得在一定放大倍数下，目镜测微尺每小格所代表的相对长度。

镜台测微尺（如图 2－13 右所示）是中央部分刻有精确等分线的载玻片，一般将 1 mm 等分为 100 格，每格等于长 10 μm（即 0.01 mm）。它之所以能专门用于校正目镜测微尺每格所代表的镜台测微尺的长度，这是由于镜台测微尺与细胞标本处于同一位置，都要经过物镜和目镜的两次放大成像进入视野，即镜台测微尺随着显微镜总放大倍数的放大而放大，因此从镜台测微尺上得到的读数就是细胞的真实大小，所以用镜台测微尺的已知长度在一定放大倍数下校正目镜测微尺，即可求出目镜测微尺每格所代表的长度，然后移去镜台测微尺，换上待测标本片，用校正好的目镜测微尺在同样放人倍数下测量微生物人小。

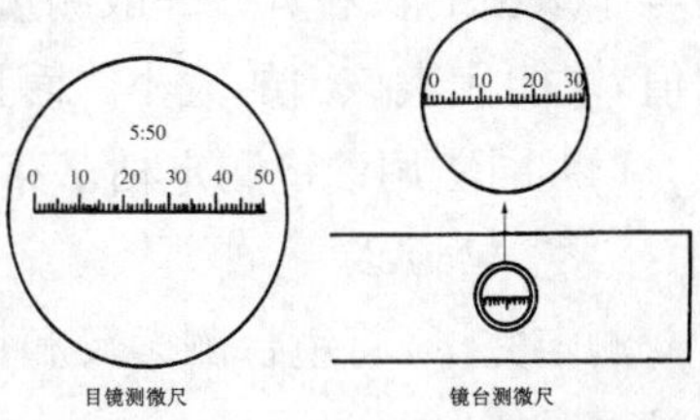

图 2－13　目镜测微尺和镜台测微尺

球菌用直径来表示其大小；杆菌、酵母菌则用宽和长来表示。

三、仪器与药品

（1）菌种：酿酒酵母（*Saccharomyces cerevisiae*）、枯草芽孢杆菌（*Bacillus subtilis*）、金黄色葡萄球菌（*Staphylococcus aureus*）

（2）器材：显微镜、目镜测微尺、镜台测微尺、盖玻片、载玻片、无菌毛细滴管、双层瓶、擦镜纸、二甲苯、香柏油等。

四、实验步骤

1. 目镜测微尺的校正

（1）将目镜测微尺刻度朝下，置入目镜内。

（2）放镜台测微尺：将镜台测微尺有刻度的一面朝上放在显微镜载物台上，不可放反。

(3) 校正：先用低倍镜观察，调节至清晰地看到镜台测微尺为止。旋转目镜测微尺，使目镜测微尺的刻度与镜台测微尺的刻度平行。利用移动器移动镜台测微尺，使两尺在某一区域内两线完全重合，然后分别数出两条重合线之间镜台测微尺和目镜测微尺所占的格数。(见图 2-14)。用同样的方法换成高倍镜和油镜进行校正。

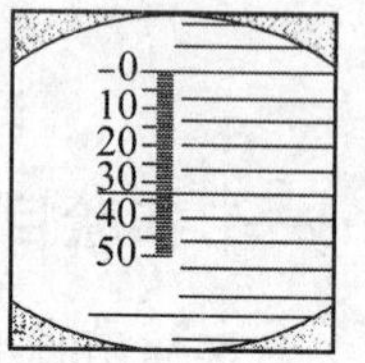

图 2-14 目镜测微尺的校正

(4) 计算：由于镜台测微尺每格的长度是已知的(每格 10 μm)，所以从镜台测微尺的格数就可求出目镜测微尺每小格的长度。

例如目镜测微尺的 10 格等于镜台测微尺的 4 格(即 40 μm)。

则目镜测微尺 1 格 = 4×10÷10 = 4 μm(微米)

(5) 目镜测微尺校正完毕后，取下镜台测微尺。

2. 微生物大小的测定

(1) 将酵母菌斜面制成一定浓度的菌悬液。

(2) 在载玻片上滴加一滴菌悬液制成水浸片，再盖上盖玻片(注意：避免产生气泡)，然后置于载物台上。

(3) 先在低倍镜下找到目的物，然后在高倍镜下用目镜测微尺来测量菌体的长和宽各占几格(不足一格的部分估计到小数点后一位数)。测出的格数乘上目镜测微尺每格的校正值，即等于该菌的长和宽。一般测量菌体的大小要在同一个标本片上测定 10～20 个菌体，求出平均值，才能代表该菌的大小。而且一般是用对数生长期的菌体进行测定。

(4) 同法用油镜测定枯草芽孢杆菌、金黄色葡萄球菌的大小。

3. 整理物品

测定完毕，将镜台测微尺和目镜测微尺用擦镜纸擦拭干净，放回盒内保存，同时正确清理、维护显微镜。

五、注意事项

(1) 寻找镜台测微尺的刻度时，光线不宜过强，换高倍镜和油镜对目镜测微尺进行校正时，务必十分细心，防止接物镜压坏镜台测微尺和损坏镜头。

(2) 细菌个体微小，在进行细胞大小测定时尽量用油镜，以减少误差。

六、实验结果

(1) 将目镜测微尺的校正结果填入下表

接物镜	接物镜倍数	目镜测微尺格数	镜台测微尺格数	目镜测微尺每格所代表的长度(μm)
低倍镜				
高倍镜				
油镜				

(2) 微生物大小填入下列空白

① 酵母菌在高倍镜下：平均长＝目镜测微尺____格＝ ____μm

平均宽＝目镜测微尺____格＝ ____μm

② 枯草杆菌在油镜下：平均长＝目镜测微尺____格＝ ____μm

平均宽＝目镜测微尺____格＝ ____μm

③ 金黄色葡萄球菌在油镜下：平均直径＝目镜测微尺____格＝ ____μm

七、思考题

(1) 为什么目镜测微尺必须用镜台测微尺校正？

(2) 在不改变目镜和目镜测微尺，而改用不同放大倍数的物镜来测定同一菌体的大小时，其测定结果是否相同？为什么？

(3) 为何采用对数生长期的菌体进行大小测定？

实验八　微生物直接计数法

一、实验目的和内容

使用血球计数板计数微生物的数量。

二、原理

测定细胞数目的方法有显微镜直接计数法、平板菌落计数法、光电比浊法、最大或然数法以及膜过滤法等。生产、科研工作中比较常用的是显微镜直接计数法、平板菌落计数法和光电比浊法。本实验主要介绍显微镜直接计数法，后两种将在后续实验(实验十二和实验十四)中介绍。

显微镜直接计数法是将小量待测样品的悬浮液置于一种特别的具有确定面积和容积的载玻片上(又称计菌器)，于显微镜下直接计数的一种简便、快速、直观的方法。目前国内外常用的计菌器有：血细胞计数板、Peteroff-Hauser 计菌器以及 Hawksley 计菌器等，它们都可用于酵母、细菌、霉菌孢子等悬液的计数，基本原理相同。后两种计菌器由于盖上盖玻片后，总容积为 0.02 mm^3，而且盖玻片和载玻片之间的距离只有 0.02 mm，因此可用油浸物镜对细菌等较小的细胞进行观察和计数。本实验主要介绍血细胞计数板。

血细胞计数板(图 2－15)是一块特制的长方形厚玻璃板，板面的中部有 4 条直槽，内侧两槽中间有一条横槽把中部隔成两长方形的平台。平台比整个玻璃板的平面低 0.1 mm，当放上盖玻片后，平台与盖玻片之间距离(即高度)为 0.1 mm。平台中心部分各以 3 mm 长，3 mm 宽精确划分为 9 个大方格，称为计数室，每个大方格面积为 1 mm^2，体积为 0.1 mm^3。以 25×16 型的计数板为例，四角的大方格，又被分为 16 个中方格。中央的大方格则由双线划分为 25 个中方格，每个中方格面积为 0.04 mm^2，体积为 0.004 mm^3；每个中方格又被分成 16 个小方格，每个小方格的面积为 0.002 5 mm^2，体积为0.000 25 mm^3。在血细胞计数板上加上盖玻片后，滴入待测样品，使菌体细胞均匀充满上述一定容积的小室内，根据每个小室的细胞数目，即可求出每毫升样品中所含菌数。

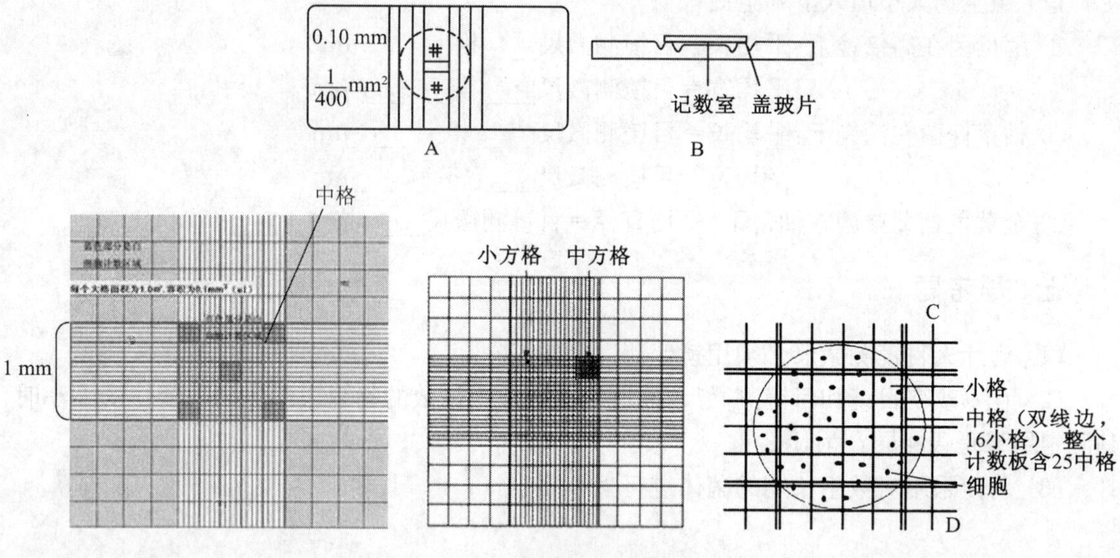

图 2－15 血细胞计数板构造

A 正面观 B 纵切面观 C 放大后的方格网

计数室(左边为 25×16,右边为 16×25) D 25×16 型的中格和小格

注:计数室的刻度一般有两种规格,一种是 25×16,一个大方格分成 25 个中方格,而每个中方格又分成 16 个小方格;另一种是 16×25,一个大方格分成 16 个中方格,而每个中方格又分成 25 个小方格,但无论是哪一种规格的计数板,每一个大方格中的小方格都是 400 个。

三、仪器与药品

(1) 菌种:酿酒酵母(*Saccharomyces cerevisiae*)。

(2) 器材:显微镜、血细胞计数板、盖玻片、无菌毛细滴管、擦镜纸等。

(3) 试剂:无菌生理盐水,配制见第一章第六部分染色液及其试剂配制。

四、实验步骤

1. 菌悬液制备

以无菌生理盐水将酿酒酵母制成浓度适当的菌悬液。

2. 镜检计数室

在加样前,先对计数板的计数室进行镜检。若有污物,则需清洗,吹干后才能进行计数。

3. 加样品

血球计数板上盖上清洁干燥的盖玻片,再用无菌的毛细滴管将摇匀的酿酒酵母菌悬液从盖玻片边缘滴一小滴(不宜过多),让菌液沿缝隙靠毛细渗透作用自动进入计数室。取样时先要摇匀菌液;注意要使计数室中充盈菌液,但不能产生气泡。

4. 显微镜计数

将血球计数板置于显微镜的载物台上静置 5 min 左右,先用低倍镜找到计数室所在位置,然后换成高倍镜进行计数。

计数时,用 16×25 的计数板要按对角线方位,取左上、左下、右上,右下四个中方格(即 100 小格)计数酵母菌液,用 25×16 的计数板,除计数上述对角线的四个方格外,还需数中央一个方格的酵母菌数(即 80 小格)。为了计数准确可靠,位于格线上的菌体一般只数上线和右线上的或下线和左线上的。如遇酵母出芽,芽体大小达到母细胞的一半时,即作为两个菌体计数。

5. 计算

每个样品重复计数 2～3 次,取其平均值,按公式计算每毫升菌液所含的酵母细胞数。

(1) 16×25 计数板的计算:

$$细胞数/mL=\frac{100\ 小格内细胞数}{100}\times 400\times 10\ 000\times 稀释倍数$$

(2) 25×16 计数板的计算:

$$细胞数/mL=\frac{80\ 小格内细胞数}{80}\times 400\times 10\ 000\times 稀释倍数$$

式中:400 为计数板的小格总数;

10 000 为由计数室 0.1 mm^3($\frac{1}{10\ 000}$ mL)换算成 1 mL 体积。

6. 清洗血细胞计数板

计数完毕,将血细胞计数板在水龙头用水冲洗干净,切勿用硬物洗刷,自行晾干或吹风机吹干,或用擦镜纸轻轻擦拭。镜检,观察每小格内是否有残留菌体或其他沉淀物。若不干净,则必须重复洗涤至干净为止。

五、注意事项

(1) 调节显微镜光线的强弱适当,对于用反光镜采光的显微镜还要注意光线不要偏向一边,否则视野中不易看清楚计数室方格线,或只见竖线或只见横线。

(2) 加样品时先要摇匀菌液,加样不宜过多,但要使计数室中充盈菌液,不能有气泡。

(3) 在计数时若发现菌液太浓或太稀,需重新调节稀释度后再计数。一般样品浓度要求每小格内有 5～10 个菌体为宜。

(4) 计数板上计数室的刻度非常精细,清洗时勿用刷子等硬物,也不用酒精灯火焰烘烤计数板。

六、实验结果

将微生物计数的结果填入下列空白:

(1) 第一次计数的酵母细胞数目＝________个。(2) 第二次计数的酵母细胞数目＝________个。(3) 平均酵母细胞数目＝________个。(4) 稀释倍数＝________倍。(5) 求出每毫升酵母菌液中的细胞数＝________个。

七、思考题

(1) 根据你的体会,使用血球计数板应注意什么问题?应如何尽量减少计数误差以力求准确?

(2) 某单位要求知道一种干酵母粉中的活菌存活率,请设计 1～2 种可行的检测方法。

第三章　微生物的分离纯化、培养和保藏技术

微生物广泛地分布在自然界的土样、水体、空气、动植物体表及人体、动物体的排泄物中。它们以单个的菌体、无性孢子和芽孢的形式存在。由于单一的自然界环境并不能完全满足微生物对水、空气、营养物质、温度、pH 的综合要求，所以它们往往以“散居”的状态出现，而不能形成人们肉眼可直接观察到的菌落。

不同的自然环境中，微生物的种类和数量差异很大。肥沃的土壤，富营养化的水体，通常含有较多的微生物。在不同的环境，常能分离到不同的微生物。可利用这一特点，根据微生物的生理要求，按照人类的需求，将它们从自然界中分离出来，获得纯种，发挥微生物的特长为人类的生产和生活服务。纯培养所得到的菌种，每个菌种都具有自己的特性，例如形态、生理、生化、血清学和遗传特性等，因此，无论研究工作或生产只有每次使用同一菌种，才能得到同样的结果，这样就需要将菌种（纯培养物）保藏起来，以备每次使用，这也说明菌种保藏工作是整个微生物学工作的基础，是一项很重要的工作。

要想把微生物分离出来，首先要学会如何配制培养基、如何对培养基及器皿进行消毒和灭菌，因此在本章实验九和实验十对此进行了介绍。另外在实验十一中介绍了接种技术和微生物的培养特征，这些都为微生物的分离纯化打下基础。最后在实验十二叙述了如何对土壤中细菌、放线菌和霉菌进行分离纯化和保藏。

实验九　培养基的配制

一、实验目的和内容

学习和掌握配制培养基的一般方法和步骤。

二、原理

培养基（medium，复数 media；或 culture medium）是指由人工配制的、适合微生物生长繁殖或产生代谢产物用的混合营养料，主要用于微生物的分离、培养、鉴定和菌种保藏等。培养基一般都含有碳源、氮源、无机盐、能源、生长因子和水这六大微生物所需要的营养要素。有的培养基还含有抗菌素和色素，用于某种微生物培养和鉴定。由于不同微生物的营养类型不同，对营养物质的要求也各不相同，因此，需要配制不同种类的培养基。

培养基按其化学成分，可分为天然培养基（如牛肉膏蛋白胨培养基、麦芽汁培养基等）、合成培养基（如葡萄糖铵盐培养基、淀粉硝酸盐培养基等）和半合成培养基（如马铃薯蔗糖培养

基)。培养基根据其物理状态,可分为液体培养基(不加凝固剂如琼脂)、固体培养基(常加入1.5%～2%的琼脂)和半固体培养基(常加入0.35%～0.5%的琼脂)。液体培养基主要用于增菌。固体培养基主要用于细菌的分离鉴定、计数、保存菌种等。半固体培养基主要用于观察细菌的运动,有时用来保藏菌种。培养基按其用途,可分为基础培养基、加富培养基、选择性培养基和鉴别培养基等。基本培养基是指在一定条件下含有某一类微生物生长繁殖所需的基本营养物质的培养基。加富培养基是指在普通培养基中加入某些特殊营养物质制成的一类营养丰富的培养基。这些特殊营养物质包括血液、血清、酵母浸膏、动植物组织液等。用来培养营养要求比较苛刻的异养型微生物或从环境中富集和分离某种微生物。选择性培养基是在培养基上加入相应的特殊营养物质,利于所需微生物的生长或加入相应化学物质以杀死或抑制不需要的微生物,此培养基广泛用于菌种筛选等领域。鉴别培养基是一类在成分中加有能与目的菌的无色代谢产物发生显色反应的指示剂,从而达到只需用肉眼辨别颜色就能方便地从近似菌落中找出目的菌菌落的培养基。例如,伊红美蓝乳糖培养基(EMB)。

选用和设计培养基的原则是目的明确、营养协调、经济节约和物理化学条件适宜。培养基配制的大体流程是:称量、熔化、调 pH、过滤、分装、加塞、包扎、灭菌、冷却、无菌检查。

正确掌握培养基的配制方法是从事微生物学实验工作的重要基础,由于微生物种类及代谢类型的多样性,因而用于培养微生物培养基的种类也很多,它们的配方及配制方法虽各有差异。但一般培养基的配制程序却大致相同,例如器皿的准备,培养基的配制与分装,棉塞的制作,培养基的灭菌,斜面与平板的制作以及培养基的无菌检查等基本环节大致相同。本实验主要介绍牛肉膏蛋白胨培养基(细菌培养用)、高氏Ⅰ号培养基(放线菌培养用)、马铃薯葡萄糖培养基(霉菌培养用)的配制,从而掌握配制培养基的一般方法和步骤。

三、仪器与药品

牛肉膏、蛋白胨、琼脂、可溶性淀粉、葡萄糖、1 mol/L NaOH、1 mol/L HCl、KNO_3、NaCl、$K_2HPO_4 \cdot 3H_2O$、$MgSO_4 \cdot 7H_2O$、$FeSO_4 \cdot 7H_2O$、马铃薯、蔗糖。

牛角匙、天平、试管、三角瓶、烧杯、量筒、玻璃棒、pH 试纸(pH 5.5～9.0)或酸度计、棉花、牛皮纸、记号笔、线绳、纱布、硫酸纸。

四、实验步骤

(一) 玻璃器皿的洗涤

玻璃器皿在使用前必须洗刷干净。将锥形瓶、试管、培养皿、量筒等浸入含有洗涤剂的水中,用毛刷刷洗,然后用自来水及蒸馏水冲净。洗刷干净的玻璃器皿置于烘箱中烘干后备用。

(二) 牛肉膏蛋白胨培养基的配制

牛肉膏蛋白胨培养基是一种应用最广泛和最普遍的细菌天然基础培养基。其配方如下:牛肉膏 3 g,蛋白胨 10 g,NaCl 5 g,琼脂 15～20 g,水 1 000 mL,pH 7.4～7.6。牛肉膏为微生物提供碳源、能源、磷酸盐和维生素,蛋白胨主要提供氮源和维生素,而 NaCl 提供无机盐。

1. 称量药品

根据所配培养基体积按配方计算出实验中各种药品所需要的量,依次准确地称取牛肉膏、蛋白胨、NaCl 放入大烧杯中。牛肉膏常用玻棒挑取,可放在小烧杯或表面皿中称量,用热水溶解后倒入大烧杯，或者牛肉膏用硫酸纸称量，然后连同硫酸纸一起放入大烧杯中，这时如稍微加热，牛肉膏便会与硫酸纸分离。蛋白胨极易吸潮，故称量时要迅速。

2. 加热溶解

在烧杯中加入少于所需要的水量，然后放在石棉网上，小火加热，并用玻棒搅拌，待药品完全溶解后再补充水分至所需量。若配制固体培养基，则将称好的琼脂放入已溶解的药品中，再加热使其熔化，此过程中，需不断搅拌，以防琼脂糊底或溢出，最后补足水分。

3. 调节 pH

调节 pH 时，应逐滴加入 1 mol/L NaOH 或 1 mol/L HCl 溶液，防止局部过酸或过碱，破坏培养基中成分。边加边搅拌，并不时用酸度计或 pH 试纸测试，直至达到所需 pH 为止。pH 调节通常放在加琼脂之前。

4. 过滤

用滤纸或多层纱布过滤培养基，以利于培养基澄清，利于结果的观察。一般无特殊要求时，此步可省去。

5. 分装

根据不同需要，可将配好的培养基分装入配有棉塞的试管或三角瓶内(见图 3-1)。注意分装时避免培养基挂在瓶口或管口上引起杂菌污染。如液体培养基，应装试管高度的$\frac{1}{4}$左右；固体培养基装试管高度的$\frac{1}{5}$左右；装入三角瓶的量以三角瓶容量的一半为限。半固体培养基以试管高度的$\frac{1}{3}$为宜，灭菌后垂直待凝。

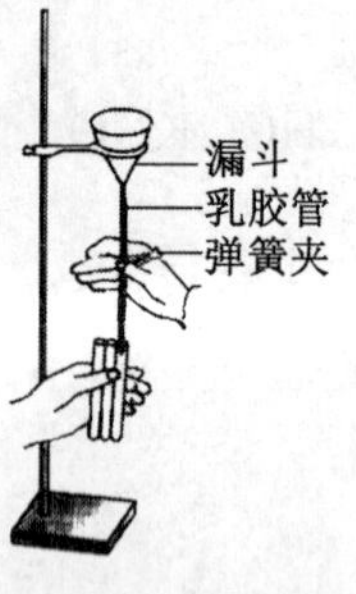

图 3-1 漏斗分装

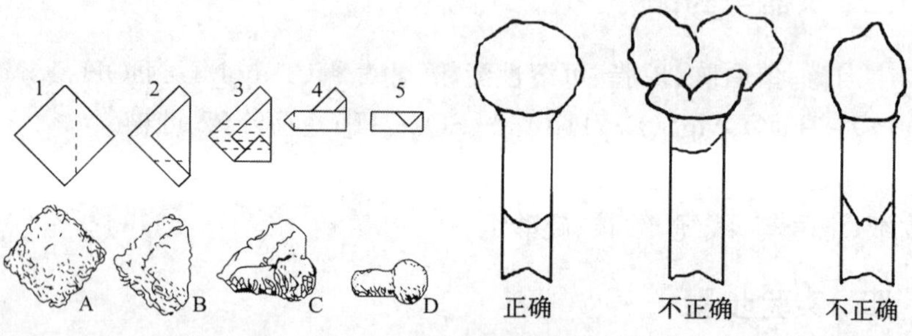

图 3-2 正确的棉塞制作方法

6. 加棉塞

试管口和三角瓶口塞上用普通棉花(非脱脂棉)制作的棉塞，棉塞制作方法如图 3-2。棉塞可过滤空气，防止杂菌侵入并可减缓培养基水分的蒸发，所以正确地制备棉塞是培养基制备中重要的一环。正确的棉塞是形状大小，松紧与试管(或三角烧瓶)完全适合。过紧时妨碍空气流通，操作不便。过松时，空气会毫无障碍地进入试管(或三角烧瓶)中，达不到灭菌的目的。棉塞过小往往易掉进试管内。正确的棉塞头较大，约有$\frac{1}{3}$在外，$\frac{2}{3}$在试管内，以防棉塞脱落。有些微生物需要更好地通气，则可用 8 层纱布制成通气塞。有条件的实验室可采用塑料试管帽、金属试管帽、硅胶泡沫塞代替棉塞。

7. 包扎

将试管扎成捆。试管和三角瓶的棉塞外用硫酸纸和牛皮纸包扎，以防灭菌时冷凝水沾湿棉塞。在牛皮纸上标明培养基的名称、配制日期等。

8. 灭菌

将上述培养基于 121.3 ℃ 湿热灭菌 15～20 min(高压蒸汽灭菌操作见实验十)。

9. 摆斜面

灭菌后，如制斜面，则需趁热将试管口端搁在一根长木条上，并调整斜面，使斜面的长度不超过试管总长的$\frac{1}{2}$。

10. 无菌检查

将灭菌的培养基放入 37 ℃温恒箱中培养 24～48 h，无菌生长即可使用，或储存于冰箱或清洁的橱内，备用。

(三) 高氏Ⅰ号培养基的配制

高氏Ⅰ号培养基是用于分离和培养放线菌的合成培养基。这种培养基是由可溶性淀粉(作为碳源)，KNO_3(作为氮源)，NaCl、$K_2HPO_4 \cdot 3H_2O$、$MgSO_4 \cdot 7H_2O$(作为无机盐，为微生物提供钠、钾、磷、镁、硫等离子)和 $FeSO_4 \cdot 7H_2O$(作为微生物的微量元素，提供铁离子)等组成。由于磷酸盐和镁盐相混合时产生沉淀，因此，在混合培养基成分时，一般是按配方的顺序依次溶解各成分。其配方如下：可溶性淀粉 20 g，KNO_3 1 g、NaCl 0.5 g、$K_2HPO_4 \cdot 3H_2O$ 0.5 g、$MgSO_4 \cdot 7H_2O$ 0.5 g、$FeSO_4 \cdot 7H_2O$ 0.01 g，琼脂 15～20 g，水 1 000 mL，pH 7.4～7.6。

1. 称量和熔化

先计算后称量，按用量先称取可溶性淀粉，放入小烧杯中，并用少量冷水将其调成糊状，再加入少于所需水量的沸水中，继续加热，边加热边搅拌，至其完全溶解。再加入其他成分依次溶解。对微量成分 $FeSO_4 \cdot 7H_2O$ 可先配制成高浓度的储备液再加入，方法是先在 100 mL 中加入 1 g 的 $FeSO_4 \cdot 7H_2O$，配成浓度为 0.01 g/mL 的储备液，再在 1 000 mL 培养基中加入以上储备液 1 mL 即可。待所有药品完全溶解后，补充水分到所需的总体积。如要配制固体培养基，其琼脂熔化过程同牛肉膏蛋白胨培养基配制。

2. pH 调节、分装、包扎、灭菌及无菌检查同牛肉膏蛋白胨培养基的配制。

(四) PDA(马铃薯葡萄糖琼脂培养基)的配制

PDA 培养基是人们对马铃薯葡萄糖琼脂培养基的简称，即 Potato Dextrose Agar (Medium)，依次对应马铃薯、葡萄糖、琼脂的英文。PDA 是一种常用的半合成培养基，宜培养霉菌、酵母菌、蘑菇等真菌，其配方如下：马铃薯 200 g、葡萄糖20 g、琼脂 15～20 g、自来水 1 000 mL，自然 pH。

其配制步骤是称取 200 g 马铃薯，洗净去皮切成小块，加水煮烂(煮沸 20～30 min，能被玻璃棒戳破即可，用四层纱布过滤，再据实际实验需要加葡萄糖和琼脂，继续加热搅拌混匀，稍冷却后再补足水分至 1 000 mL，分装试管、加塞、包扎，115 ℃灭菌 30 min 左右后取出试管摆斜面，冷却后贮存备用。

五、注意事项

(1) 配制培养基时，不可用铜锅或铁锅加热熔化，以免离子进入培养基中，影响细菌生长。

(2) 称药品时严防药品混杂，一把牛角匙用于一种药品，或称取一种药品后，洗净、擦干，再称取另一药品。瓶盖也不要盖错。

(3) 调 pH 时要小心操作，避免回调，以免调回影响培养基内各离子的浓度。配制 pH 低的琼脂培养基时，若预先调好 pH 并在高压蒸汽下灭菌，则琼脂因水解不能凝固。因此，应将培养基的成分和琼脂分开灭菌后再混合，或在中性 pH 下灭菌，再调 pH。

(4) 培养基的灭菌多采用高压蒸汽灭菌，各种培养基的灭菌时间和压力，按其成分不同而定。普通培养基采用 121 ℃、0.1 MPa 灭菌 15 min，但容器和装量较大时，应延长至20 min。含糖培养基 115 ℃、0.06 MPa 灭菌 30 min。含不耐高温的糖、血清、鸡蛋等的培养基可用流动蒸汽及血清凝固器 80～100 ℃加热 30 min 杀死培养基内杂菌的营养体，然后将这种含有芽孢和孢子的培养基在温箱内或室温下放置 24 h，使芽孢和孢子萌发成为营养体，再以 80～100 ℃加热 30 min，再放置 24 h，如此连续灭菌 3 次，即可达到完全灭菌的目的。血清或组织液，采用低热 56～58 ℃水浴 1 h，再在 37 ℃温箱放置 24 h，再以 56～58 ℃加热 1 h，再放置 24 h，连续灭菌 5～6 次。一些遇高温即被破坏的物质如尿素、腹水和链霉素等，可用细菌过滤器，过滤除菌。

(5) 不同培养基各有配制特点，要注意具体操作。

六、思考题

(1) 配制合成培养基加入微量元素时最好用什么方法加入？天然培养基为什么不需要另加微量元素？

(2) 配制培养基有哪几个步骤？有哪些注意事项？为什么？

(3) 培养微生物能否用同一培养基？细菌、放线菌、霉菌的培养基有何异同？培养基为什么要调节 pH？所用微生物培养基最适 pH 是否相同？

(4) 培养基配制完成后，为什么必须立即灭菌？若不能及时灭菌应如何处理？已灭菌的培养基如何进行无菌检查？

实验十　培养基及器皿的消毒和灭菌

一、实验目的和内容

(1) 了解干热灭菌和高压蒸汽灭菌的原理和各自应用范围。

(2) 学习干热灭菌和高压蒸汽灭菌的操作技术。

二、原理

消毒(disinfection)与灭菌(sterilization)两者的意义有所不同。消毒一般是指消灭病原菌和有害微生物的营养体，灭菌则是指杀灭一切微生物的营养体、芽孢和孢子。要对微生物进行纯培养，必须对所用器材、培养基和工作场所都要进行严格的消毒和灭菌。

消毒与灭菌的方法很多，一般可分为加热、干燥、过滤、照射(以上属物理因素)和使用化学药品如 2%煤酚皂溶液、0.25%新洁尔灭、1%升汞、3%～5%的甲醛溶液、75%酒精溶液(化学因素）等方法。其中，最常用的是高温，尤其是以高压蒸汽灭菌器和干热灭菌使用的电烘箱最为常用。实际工作中应根据物品的种类、性质不同，选用不同的消毒灭菌方法。

干热灭菌有火焰烧灼灭菌和烘箱热空气灭菌两种。火焰烧灼灭菌适用于接种针、接种环和金属用具如镊子、剪刀等，无菌操作时的试管口和瓶口也在火焰上作短暂烧灼灭菌。通常所说的干热灭菌是在电烘箱内灭菌，此法适用于玻璃器皿如吸管和培养皿等的灭菌，在热空气160～170 ℃下保温 1～2 h 进行灭菌。但电烘箱温度不能超过 180 ℃，否则，包器皿的纸或棉塞就会烤焦，甚至引起燃烧。电烘箱（电热鼓风干燥箱）的外观和结构如图 3－3。

高压蒸汽灭菌法是湿热灭菌中的一种，另两种为间歇灭菌法和煮沸消毒法。高压蒸汽灭菌是将待灭菌的物品放在一个密闭的加压灭菌锅内，通过加热，使灭菌锅隔套间的水沸腾而产生蒸汽。待水蒸气急剧地将锅内的冷空气从排气阀中驱尽，然后关闭排气阀，继续加热，此时蒸汽不再溢出，而使灭菌锅压力升高，从而使水蒸气的沸点增高，得到高于 100 ℃的温度。灭菌时间和温度根据灭菌物品种类和数量的不同而有所变化，以达到彻底灭菌为准。这种灭菌适用于培养基、工作服、橡皮物品等的灭菌。高压蒸汽灭菌锅结构见图 3－4。

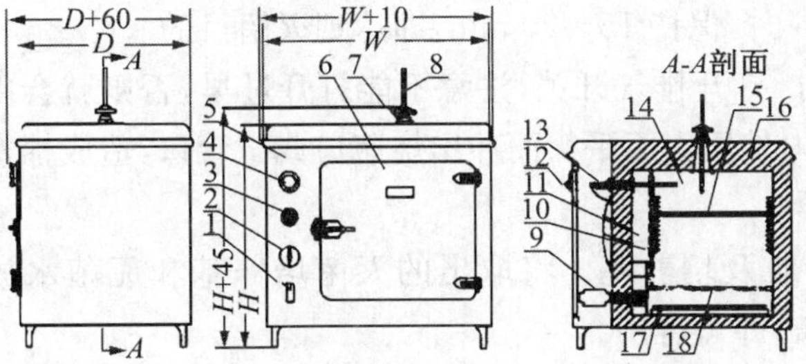

图 3－3　101 型电热鼓风干燥箱结构示意图

1. 鼓风开关；2. 加热开关；3. 指示灯；4. 温度控制器旋钮；
5. 箱体；6. 箱门；7. 排气阀；8. 温度计；9. 鼓风电动机；
10. 搁板支架；11. 风道；12. 侧门；13. 温度控制器；
14. 工作室；15. 试器搁板；16. 保温层；17. 电热器；18. 散热板

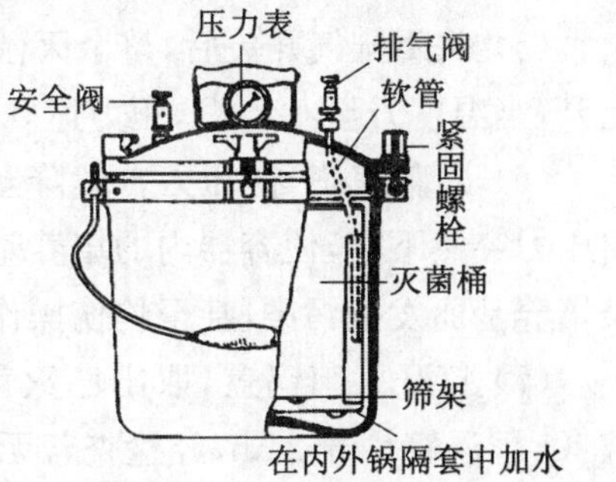

图 3－4　手提式高压蒸汽灭菌器示意图

干热灭菌和湿热灭菌都是利用高温使微生物细胞内的蛋白质凝固变性而达到灭菌的目的。细胞内的蛋白质凝固性与其本身的含水量有关，在菌体受热时，当环境和细胞内含水量越大，则蛋白质凝固就越快，反之含水量越小，凝固缓慢。因此，一般湿热灭菌所需温度和时间较干热灭菌少。

三、仪器与药品

培养皿、试管、吸管、电烘箱、牛肉膏蛋白胨培养基、高压蒸汽菌锅、报纸、棉绳等。

四、实验步骤

1. 玻璃器皿的干热灭菌

（1）装入待灭菌物品：将待灭菌物品（培养皿、试管、吸管等）用报纸包好，放入电烘箱内，关好箱门。物品不要摆的太挤，以免妨碍空气流通，灭菌物体不要接触电烘箱内壁的铁板，以防包装纸烤焦起火。

(2) 升温:接通电源,拨动开关,打开电烘箱排气孔,旋动温度调节旋钮至 160～170 ℃。

(3) 恒温:当温度升到 160～170 ℃时,借恒温调节器的自动控制,保持此温度 2 h。干热灭菌过程中,严防恒温调节的自动控制失灵而造成安全事故。

(4) 降温:切断电源,自然降温。

(5) 开箱取物:待电烘箱内温度降到 70 ℃以下后,打开箱门,取出灭菌物品。

2. 培养基等的高压蒸汽灭菌

(1) 首先将内层锅取出,再向外层锅内加入适量的水,使水面与三角搁架相平为宜。切勿忘记加水,同时加水量不可过少,以防灭菌锅烧干而引起爆炸事故。

(2) 放回内层锅,放入需灭菌的物品。摆放要疏松,不可太挤,否则阻碍蒸汽流通,影响灭菌效果。三角烧瓶与试管口端均不要与桶壁接触,以免冷凝水淋湿包口的纸而透过棉塞。

(3) 加盖,将盖上的排气软管插入内层锅的排气槽内,再以两两对称的方式同时旋紧相对的两个螺栓,使螺栓松紧一致,切勿漏气。

(4) 打开排气阀,加热,热蒸汽上升,以排除锅内冷空气,排气约 5～10 min,关闭排气阀。

(5) 关闭排气开关后,整个灭菌锅成为密闭状态,而蒸汽又不断增多,这时压力和温度都上升,当温度升至 121 ℃,压力达 0.1 MPa 时,保持 15～20 min,即达到灭菌目的。

(6) 灭菌完毕,待压力自然降至"0"时,打开排气开关,注意不能打开过早,否则就会因锅内压力突然下降,使容器内的培养基由于内外压力不平衡而冲出烧瓶口或试管口,造成棉塞沾染培养基而发生污染,甚至灼伤操作者。

(7) 打开灭菌锅盖,取出已灭菌的器皿及培养基。将取出的灭菌培养基和无菌水放入 37 ℃ 恒温箱培养 24 h,经检查若无菌生长,即可待用。

五、注意事项

(1) 在干热灭菌和高压蒸汽湿热灭菌时,物品摆放要疏松,不可太挤,否则影响灭菌效果。

(2) 电烘箱灭菌温度不能超过 180 ℃,否则,包器皿的纸或棉塞就会烤焦,甚至引起燃烧。

(3) 电烘箱内温度未降到 70 ℃以下,切勿自行打开箱门,以免骤然降温导致玻璃器皿炸裂。

(4) 高压灭菌时切勿忘记加水,另外必须将冷空气充分排除,否则锅内温度达不到规定温度,影响灭菌效果。

(5) 高压灭菌完毕后,不可放气减压,否则瓶内液体会剧烈沸腾,冲掉瓶塞而外溢甚至导致容器爆裂。须待灭菌器内压力降至与大气压相等后才可开盖。

六、实验结果

检查培养基和水灭菌是否彻底。

七、思考题

(1) 在干热灭菌操作过程中应注意哪些问题? 为什么?

(2) 请设计干热灭菌和湿热灭菌效果比较实验方案。

(3) 高压蒸汽灭菌开始之前,为什么要将锅内冷空气排尽?

(4) 在使用电烘箱和高压蒸汽灭菌锅灭菌时,怎样杜绝一切不安全的因素?

(5) 灭菌在微生物实验操作中有何重要意义?

(6) 请查阅资料,试述还有哪些灭菌方法?它们的应用范围如何?

实验十一　微生物的接种技术和培养特征观察

一、实验目的和内容

(1) 掌握无菌操作在微生物接种过程中的重要性。

(2) 掌握几种常用的微生物接种工具和方法。

(3) 了解不同的微生物在斜面、半固体、液体培养基中的生长特性。

二、原理

在微生物学实验及生产实践中,取样、斜面移接、平板划线单菌落分离、液体摇瓶接种和发酵罐接种,均采用无菌操作技术,它是防止杂菌污染,进行纯种培养的保证,是从事微生物学工作的人员必须熟练掌握的一门技术。

无菌操作是微生物接种技术的关键。常用的接种方法有斜面接种、液体接种、穿刺接种、平板接种。本次实验介绍前三种,平板接种在实验十二中介绍。主要依据不同的实验目的、培养基种类及实验器皿等,选用不同接种方法。但无论哪种接种方法都以获得生长良好的纯种微生物为目的。由于接种方法不同,采用的接种工具也有区别,如固体斜面培养物转接时用接种环,穿刺接种时用接种针,液体转接用移液管等。最常用的接种或移植工具为接种环(如图3-5a)。接种环按材质不同一般可分为一次性的塑料接种环(塑料制成的)和金属接种环(钢,铂金或者镍铬合金)。

根据不同用途,接种环的前端可进行改造,如图3-5(4～8)所示,有以下几种:

1. 接种针

供穿刺接种用。

2. 接种钩

供挑取菌丝进行移植时使用。

3. 接种环

供挑取菌苔或液体培养物进行接种用。

4. 接种圈

供从砂土管内移取菌种进行接种用。

5. 接种锄

用于刮取生长于斜面上的放线菌和真菌孢子,效果很好。

此外,还有几种常用的接种工具:

(1) 玻璃刮铲(三角形刮铲或玻璃涂棒):见图3-5(b和9),采用稀释涂布法在琼脂平板上进行菌种分离或微生物计数时,需将定量菌悬液在平板表面涂布均匀,这一操作要用玻璃涂棒完成。

(2) 移液管:在移取液体培养基时使用。

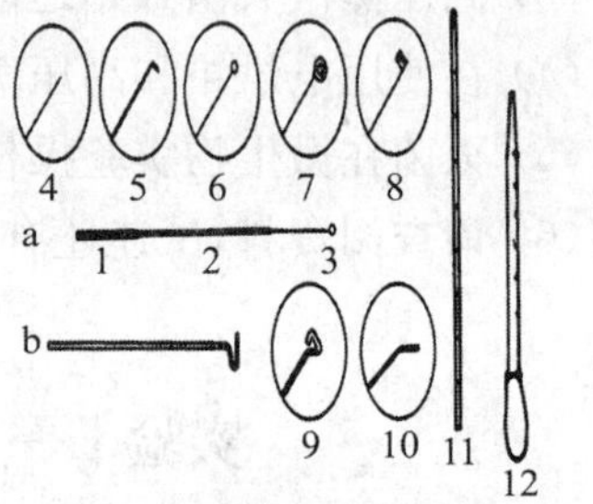

图 3-5 常用微生物接种工具

a. 接种环(1. 塑料套;2. 铝柄;3. 镍铬丝;4. 接种针;5. 接种钩;6. 接种环;7. 接种圈;8. 接种锄;9. 三角形刮铲;10. 平刮铲;11. 移液管;12. 滴管) b. 玻璃刮铲

在斜面、液体和半固体培养基接种后,可用以观察不同微生物的培养特征。微生物的培养特征是指微生物在培养基上所表现出的群体形态和生长情况。它们培养在斜面培养基上,可以呈丝线状、刺毛状、串珠状、疏展状、树枝状或假根状等形态。生长在液体培养基内,可以呈浑浊、絮状、黏液状、形成菌膜或上层清晰而底部呈沉淀状等。穿刺培养在半固体培养基中,可以沿接种线向四周蔓延;或仅沿线生长;也可上层生长得好,甚至连成一片,底部很少生长;或底部长得好,上层甚至不生长。利用微生物的培养特征,可以作为它们的分类鉴定和识别纯培养是否污染的参考。

三、仪器与药品

(1) 菌种:大肠杆菌(*Escherichia coli*)、细黄链霉菌(*streptomyces microflavus*)、酿酒酵母(*Saccharomyces cerevisiae*)、黑曲霉(*Aspergillus niger*)。

(2) 培养基:牛肉膏蛋白胨斜面、液体、半固体培养基,马铃薯葡萄糖斜面和液体培养基。

(3) 接种工具:接种环、接种针、无菌吸管等。

(4) 其他:酒精灯等。

四、实验步骤

1. 接种前的准备工作

在微生物实验中,一般小规模的接种操作,使用无菌接种箱或超净工作台,工作量大时使用无菌室接种,要求严格的在无菌室内再结合使用超净工作台。为了保证无菌操作和接种时不污染杂菌,应注意以下几点:(1) 接种室应经常打扫,拖地板,实验台面用70%~75%酒精擦拭,用煤酚皂液擦洗墙壁,用乳酸或甲醛熏蒸接种室。(2) 接种室或超净工作台在使用前,应先打开紫外光灯灭菌半小时。(3) 经常对接种室作无菌程度的检查。(4) 进入接种室前,应先做好个人卫生工作,换工作鞋,穿上工作衣,戴口罩。工作服、口罩、工作鞋只准在接种室内使用,不准穿着到其他地方去,并定期洗换和消毒灭菌。在超净工作台操作时,实验者的手用70%~75%酒精擦拭。(5) 接种的试管、三角瓶等应做好标记,注明培养基、菌种的名称和接种日期。移入接种室内的所有物品,均须在缓冲室内用75%酒精擦拭干净。

2. 斜面接种

斜面接种是从已生长好的菌种斜面上挑取少量菌种移植至另一支新鲜斜面培养基上的一种接种方法。该法主要用于单个菌落的纯培养、保存菌种或观察细菌的某些特性。具体操作如下:

(1) 在牛肉膏蛋白胨斜面试管上,用记号笔写上将接种的菌名、日期和接种者。

(2) 点燃酒精灯(待手上酒精挥发后才能点燃酒精灯)。注意火焰周围3 cm 处是无菌区,以下无菌操作均需在此范围内进行。

(3) 将菌种试管和待接种的斜面试管握在左手的大拇指和其他四指之间，使斜面和有菌种的一面向上，成水平状态。在火焰边用右手松动试管塞，以利于接种时拔出。

(4) 右手拿接种环，将接种环的环部在酒精灯火焰外层内(此处酒精燃烧完全，温度高)灼烧，直至烧红，然后将接种环横穿火焰三次，进行干热灼烧灭菌(见图 3-6a)。接种环的金属箍处，最易沾染杂菌，火焰灼烧应彻底。

(5) 在火焰边用右手的手掌边缘和小指，小指和无名指分别夹持试管塞(或试管帽)，将其取出，并迅速烧灼管口(见图 3-6b 和 c)。注意试管塞不得任意放在桌上或与其他物品相接触。

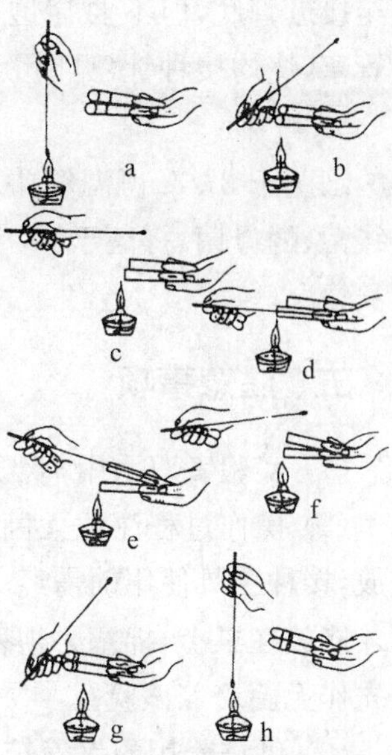

图 3-6　斜面接种无菌操作

(6) 将上述在火焰上灭菌过的接种环伸入菌种试管内，先将环接触试管内壁或未长菌的培养基，使接种环充分冷却，以免烫死菌种。然后再挑取少许菌苔。将接种环退出菌种试管(退出时勿与管壁相碰，也勿使再通过火焰)，迅速伸入待接种的斜面试管，用环在斜面上自试管底部向上端轻轻地划直线，勿将培养基划破，也不要使环接触管壁或管口(见图 3-6d 和 e)。

(7) 接种完毕后将接种环退出，灼烧管口，并在火焰边将试管塞塞紧。塞棉塞时勿要用试管口去迎棉塞，以免试管在移动时纳入不洁空气。再将接种环逐渐接近火焰，再烧灼(见图 3-6f、g 和 h)。如果接种环上沾的菌体较多时，应先将环在火焰边烤干，然后烧灼，以免未烧死的菌种飞溅出污染环境，接种病原菌时更要注意此点。

(8) 接种细黄链霉菌、酿酒酵母和黑曲霉，操作与上述基本一致，只是空白斜面换成 PDA 斜面，并根据菌种选用接种工具。

3. 液体接种

多用于发酵菌体和进行生化试验。可分为两种：

(1) 由固体培养基接种液体培养基

向液体培养基中接种少量菌体时，其操作步骤基本与斜面接种时相同，不同之处是挑取菌体的接种环放入液体培养基后，使接种环与管内壁轻轻研磨，使菌体从环上脱落。接种后塞好棉塞，轻轻摇动液体，使菌体充分分散。

(2) 由液体培养基接种液体培养基

当菌种为液体时，接种除用接种环外，常用的还有无菌吸管。只需在火焰旁拔去棉塞，将管口通过火焰，用无菌吸管吸取菌液注入培养液内，摇匀。当菌种为固体时，要求接种量大或定量接种时，也可将无菌水或液体培养基注入菌种试管，用接种环将菌苔刮下，再将菌种悬液用无菌吸管定量吸出加入。

4. 穿刺接种

此法主要用于半固体培养基、明胶及双糖管的接种。常用来接种厌氧菌、检查细菌运动性，或保藏菌种。

用接种针挑取大肠杆菌菌种(针必须挺直)，自培养基的中心垂直地刺入半固体培养基中，直至接近管底，但不要穿透，然后沿原穿刺线将针拔出，塞上试管塞，烧灼接种针(见图 3-7)。

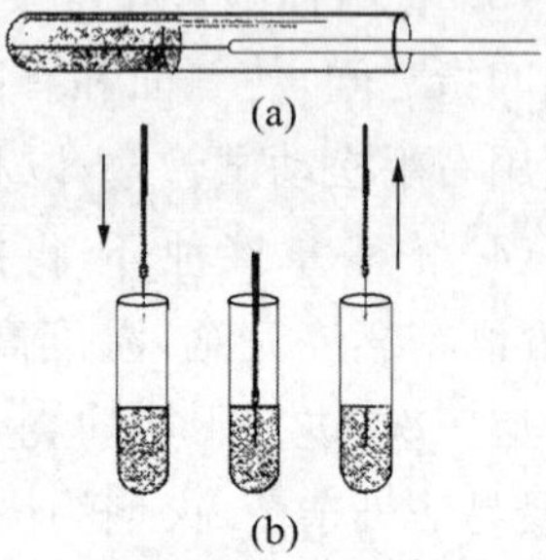

图 3-7　穿刺接种

(a) 水平穿刺接种；(b) 垂直穿刺接种

5. 培养

细菌于 37 ℃恒温箱中培养，24 h 后开始观察生长情况。放线菌、酵母菌、霉菌于 28 ℃恒温箱中培养，48 h 后开始观察生长情况。

五、注意事项

(1) 实验者双手用 75%酒精或新洁尔灭擦手。

(2) 操作过程注意无菌操作：不离开酒精灯火焰，棉塞不乱放，接种工具使用前需经火焰灼烧灭菌，操作要正确、迅速，接种工具用后须经火焰灼烧灭菌后才能放在桌上，棉塞必须塞得松紧适宜，所有使用器皿均须严格灭菌，接种用的培养基均需事先作无菌培养试验。

(3) 供培养用的培养箱应经常清理消毒。

(4) 有培养物的器皿要经高压灭菌或煮沸后才能清洗。

六、实验结果

将你所做的实验中各种微生物在斜面上、液体和半固体培养基中的生长情况和培养特征记录在下表。

	大肠杆菌	细黄链霉菌	酿酒酵母	黑曲霉
斜 面				
液 体				
半 固 体		—	—	—

七、思考题

(1) 根据大肠杆菌在半固体培养基的培养特征，判断其是否具有运动性？

(2) 为什么要待接种环冷却后才能与菌种接触？是否可以将接种环放在台子上冷却？如何知道接种环是否已经冷却？

(3) 一个好氧的具周生鞭毛的菌株分别在半固体和液体培养基中的培养特征是怎样的？

(4) 用斜面检测微生物的培养特征接种时，为什么不要划多条线或蛇形，而只要划一条直线？

(5) 斜面接种中无菌操作需要注意哪些？

实验十二 土壤中细菌、放线菌和霉菌计数分离纯化及保藏

一、实验目的和内容

(1) 掌握倒平板的方法。

(2) 学会将土壤中的各种微生物分离成纯种,统计分析样品中微生物的种类和数量的方法。

(3) 学会从菌落及培养特征区分细菌、放线菌和霉菌。

(4) 学会几种常见的保藏菌种的方法。

二、原理

在自然界中,微生物的种类很多,数量很大,但不同种类的微生物绝大多数都是混杂生活在一起,当我们希望获得某一种微生物时,首先必须把要分离的材料进行适当地稀释,按其生长所需要的条件,使其在平板上由一个菌体能通过很多次细胞分裂而进行繁殖,形成一个可见的细胞群体的集合,即菌落。每一种微生物所形成的菌落都有它自己的特点,例如菌落的大小,表面干燥或湿润、隆起或扁平、粗糙或光滑,边缘整齐或不整齐,菌落透明或半透明或不透明,颜色以及质地疏松或紧密等。这样,就能从中挑选出所需要的纯种,这种获得纯培养的方法称为微生物的分离与纯化。

常用的微生物分离与纯化的方法有:

1. 简易单孢子挑取法

单孢子挑取法主要用于获得真菌的纯培养。样品在经过稀释后,在显微镜下,用毛细吸管对准一个单孢子挑取,放入适宜培养基中培养,这样就获得了纯培养。这种方法要求操作人员技术熟练。

2. 平板分离法

该方法操作简便,普遍用于微生物的分离与纯化。一般是根据该微生物对营养、酸碱度、氧等条件要求不同,而供给它适宜的培养条件,或加入某种抑制剂造成只利于此菌生长,而抑制其他菌生长的环境,从而淘汰其他一些不需要的微生物,再用稀释涂布平板法或稀释混合平板法或平板划线分离法等分离、纯化该微生物,直至得到纯菌株。

值得指出的是从微生物群体中经分离生长在平板上的单个菌落并不一定保证是纯培养。因此,纯培养的确定除观察其菌落特征外,还要结合显微镜检测个体形态特征后才能确定,有些微生物的纯培养要经过一系列的分离与纯化过程和多种特征鉴定方能得到。

本实验的实验材料是土壤。因为土壤是微生物生活的大本营,在这里生活的微生物无论是数量和种类都是非常多样的,因此,土壤是我们开发利用微生物资源的重要基地,可以从其中分离、纯化得到许多有用的菌株。一般土壤中,细菌最多,放线菌及霉菌次之,而酵母菌主要见于果园及菜园土壤中,故从土壤中分离细菌时,要取较高的稀释度,否则菌落连成一片不能计数。本实验利用细菌、放线菌和霉菌所要求的营养条件不同,利用不同的培养基制成平板进行分离,然后从菌落形态上的差异,可以把细菌、放线菌和霉菌三大类群区分并可计算出其数量,分别接种到试管斜面上,然后在平板上反复进行分离培养,最后可获得纯种。

获得的纯种微生物可根据需要进行保藏。目前已建立了许多长期保藏菌种的方法。不同的保藏方法其原理各异,但基本原则都是使微生物的新陈代谢处于最低或几乎停止的状态,使其不发生变异而又能保持生活能力。保藏方法通常是基于温度、水分、通气、营养成分和渗透压等方面考虑。其中低温、干燥和隔绝空气是使微生物代谢能力降低的重要因素。

保藏方法大致可分为以下几种:

1. 传代培养法

此法使用最早,它是将要保藏的菌种通过斜面、穿刺或疱肉培养基(后者用于保藏厌氧细菌)培养好后,置于4~6 ℃下存放,定期进行传代培养,再存放。后来发展在斜面培养物上面覆盖一层无菌的液体石蜡,一方面可防止因培养基水分蒸发而引起菌种死亡,另一方面可阻止氧气进入,以减弱代谢作用。故能够适当延长保藏时间。总的来说,传代培养法保藏菌种的时间不长,且传代过多往往使菌种的主要特性减退,甚至丢失。因此它只能作为短期存放菌种用。

2. 载体保藏法

此法是将微生物吸附在适当的载体上进行干燥,如土壤、沙子、硅胶、滤纸、明胶、麸皮、磁珠等。该法操作通常比较简单,普通实验室均可进行。其中以沙土保藏法和滤纸保藏法应用相当广泛。

3. 真空冷冻干燥法

此法可克服简单保藏方法的不足。利用有利于菌种保藏的一切因素,使微生物始终处于低温、干燥、缺氧的条件下,因而它是迄今为止最有效的菌种保藏法之一。真空冷冻干燥法是将要保藏的微生物样品先经低温(−70 ℃左右)预冻,然后在低温状态下进行减压干燥。

4. 冷冻保藏法

这是一种使样品始终存放在低温环境下的保藏方法,可分低温冰箱(−20~−30 ℃,−50~−80 ℃)、干冰酒精快速冻结(约−70 ℃)和液氮(−196 ℃)等保藏法。

注意有些方法如滤纸保藏法、液氮保藏法和冷冻干燥保藏法等均需使用保护剂来制备细胞悬液,以防止因冷冻或水分不断升华对细胞的损害。保护性溶质可通过氢和离子键对水和细胞所产生的亲和力来稳定细胞成分的构型。保护剂有甘油、二甲亚砜、谷氨酸钠、糖类、可溶性淀粉、聚乙烯吡咯烷酮(PVP)、血清、脱脂奶等。二甲亚砜对微生物细胞有一定的毒害,一般不采用。甘油适宜低温保藏,脱脂奶和海藻糖是较好的保护剂,尤其是在真空冷冻干燥中普遍使用。

三、仪器与药品

(1) 土壤样品。

(2) 培养基:(见第一章第七部分培养基的制备)① 牛肉膏蛋白胨琼脂培养基;② 高氏Ⅰ号培养基;③ 马丁氏琼脂培养基;④ 马铃薯琼脂培养基(PDA培养基)。

(3) 溶液或试剂:10%酚,盛4.5 mL无菌水的试管,盛99 mL无菌水并带有玻璃珠的三角烧瓶,链霉素。

(4) 仪器或其他用具:无菌玻璃涂棒、无菌吸管、接种环、无菌培养皿、显微镜、酒精灯、火柴等。

四、实验步骤

(一) 土壤稀释液的制备

1. 取土壤

取表层以下 5～10 cm 处的土样，放入无菌的袋中备用，或放在 4 ℃ 冰箱中暂存。

2. 制备稀释液(要无菌操作，如图 3-8)

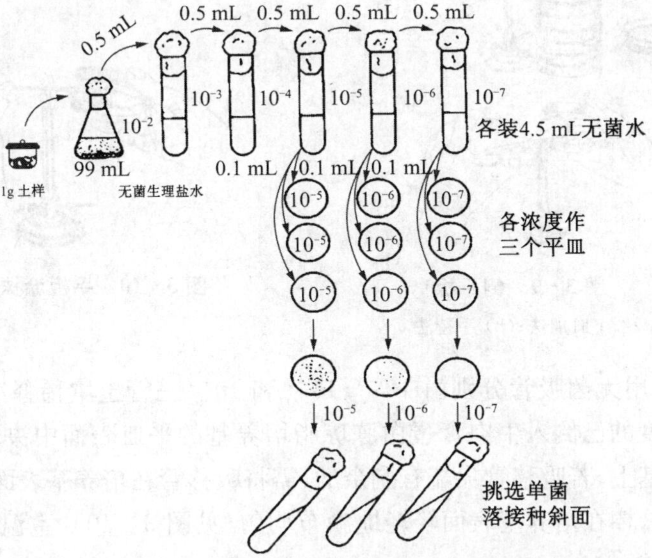

图 3-8 菌液逐级稀释过程和稀释液的取样培养示意图

(1) 制备土壤悬液：称土样 1 g，迅速倒入带玻璃珠的装有 99 mL 无菌水的三角瓶中(玻璃珠用量以充满瓶底最好)，振荡 20 min 左右，使土样充分打散，将菌分散。即成为 10^{-2}浓度的土壤悬液。

(2) 稀释：用一支 0.5 mL 无菌吸管从中吸取 0.5 mL 土壤悬液注入盛有 4.5 mL 无菌水的试管中，即为 10^{-3}稀释液，如此重复，可依次制成 10^{-4}··10^{-7}的稀释液。注意每一个稀释度换用一支移液管，每次吸取时用无菌吸管吹吸三次，且每次吸上的液面要高于前一次，使充分混匀，以减少稀释中的误差。亦可用微量加样器代替无菌吸管。

(二) 分离纯化微生物

1. 稀释涂布平板法

(1) 倒平板：在无菌培养皿的皿盖上标注培养基种类、稀释度和分离方法。将牛肉膏蛋白胨琼脂培养基、高氏Ⅰ号琼脂培养基、马丁氏琼脂培养基加热熔化，待冷至 45～50 ℃(手握不觉得太烫为宜。注意温度要适宜，温度过高，培养皿盖上凝结水太多，菌易被冲掉或烫死；温度过低，则培养基凝固，不易倒出)时，高氏Ⅰ号琼脂培养基中加入 10%酚数滴，马丁氏培养中加入链霉素溶液(终浓度为 30 μg/mL)，混均匀后分别倒平板。

倒平板的方法(见图 3-9)：右手持盛培养基的试管或三角瓶置火焰旁边，左手松动试管塞或瓶塞，用手掌边缘和小指、无名指夹住拔出，试管或瓶口保持对着火焰。如果试管内或三角瓶内的培养基一次用完，管塞或瓶塞则不必夹在手中，否则需要用手指夹住。试管(瓶)口在火焰上灭菌，然后左手拿培养皿将其盖在火焰附近打开一缝，迅速倒入培养基约 15 mL(装量以铺满皿底高 1.5～2 mm 为宜)，加盖后轻轻摇动培养皿，使培养基均匀分布，平置于桌面上，待凝后即成平板。最好是将平板放室温 2～3 d，或 37 ℃下培养 24 h，检查无菌落及皿盖无冷凝水后再使用。

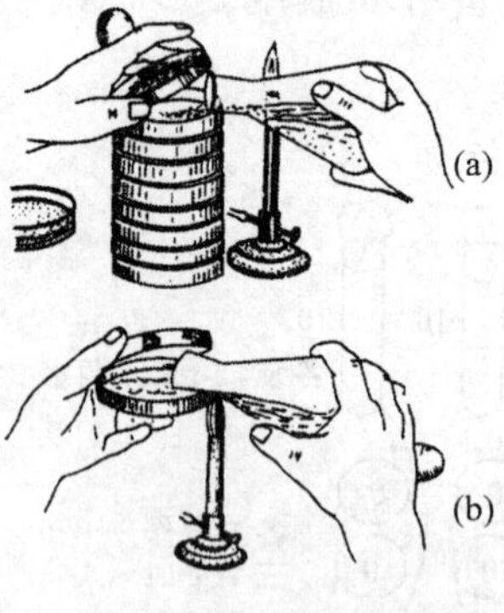

图 3－9　倒平板

(a) 皿加法；(b) 手持法

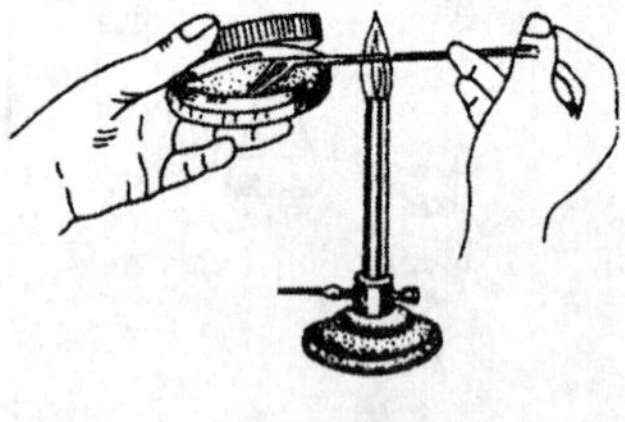

图 3－10　平板涂抹操作

(2) 分离细菌：用无菌吸管分别由 10^{-5}、10^{-6} 和 10^{-7} 三管土壤稀释液中各吸取 0.1 mL 对号放入写好稀释度的已倒入牛肉膏蛋白胨琼脂培养基的平皿表面中央位置（0.1 mL 的菌液要全部滴在培养基上，若吸移管尖端有剩余的，需将吸移管在培养基表面上轻轻地按一下便可)，用右手拿无菌涂棒在培养基表面轻轻地涂布均匀(见图 3－10)，室温下静置 5～10 min，使菌液吸附进培养基。

(3) 分离放线菌：用无菌吸管分别由 10^{-3}、10^{-4} 和 10^{-5} 三管土壤稀释液中各吸取 0.1 mL 对号放入写好稀释度的已倒入高氏Ⅰ号琼脂培养基的平皿表面中央位置，用右手拿无菌涂棒在培养基表面轻轻地涂布均匀，室温下静置 5～10 min，使菌液吸附进培养基。

(4) 分离霉菌：用无菌吸管分别由 10^{-2}、10^{-3} 和 10^{-4} 三管土壤稀释液中各吸取 0.1 mL 对号放入写好稀释度的已倒入马丁氏琼脂培养基的平皿表面中央位置，用右手拿无菌涂棒在培养基表面轻轻地涂布均匀，室温下静置 5～10 min，使菌液吸附进培养基。

(5) 培养：将高氏Ⅰ号培养基平板和马丁氏培养基平板倒置于 28 ℃温室中培养 3～5 d，牛肉膏蛋白胨培养基平板倒置于 37 ℃温室中培养 2～3 d。

(6) 计数：培养结束后，取出培养平板，算出同一稀释度三个平板上的菌落平均数，并按下列公式进行计算，式中 cfu 为 colony forming units 的缩写。

每毫升中菌落形成单位(cfu)＝同一稀释度三次重复的平均菌落数×稀释倍数×10

一般选择每个平板上长有 30～300 个菌落的稀释度计算每毫升的含菌量较为合适。同一稀释度的三个重复对照的菌落数不应相差很大，否则表示实验不精确。实际工作中同一稀释度重复对照平板不能少于三个，这样便于数据统计，减少误差。由三个稀释度计算出的每毫升菌液中菌落形成单位数也不应相差太大。

(7) 挑菌：将培养后长出的单个菌落分别挑取少许细胞接种到上述三种培养基的斜面上，分别置于 28 ℃和 37 ℃温室中培养，待菌苔长出后，检查菌苔是否单纯，也可用显微镜涂片染色检查是否是单一的微生物，若发现其他杂菌混杂，就要再一次进行分离、纯化，直到获得纯培养。

2. 稀释混合平板法

此法与稀释涂布平板法基本相同，无菌操作也一样，所不同的是先分别吸取 0.2 mL 不同稀释度的土壤悬液对号放入平皿，然后尽快倒入熔化后冷却到 45 ℃左右的培养基，置水平位置迅速旋动平皿，使培养基与菌液混合均匀，而又不使培养基荡出平皿或溅到平皿盖上。待冷凝成平板后，分别倒置于 28 ℃和 37 ℃温室中培养后计数，再挑取单个菌落，直至获得纯培养。

每毫升中菌落形成单位(cfu)＝同一稀释度三次重复的平均菌落数×稀释倍数×5

3. 平板划线分离法

(1) 倒平板：按稀释涂布平板法倒平板，并用记号笔标明培养基的种类和分离方法。

(2) 划线：将接种环灼烧灭菌，冷却后挑取上述 10^{-3} 的土壤悬液一环在平板上划线(见图 3－11：在近火焰处，左手拿皿底，右手拿接种环)。划线的方法很多，但无论采用哪种方法，其目的都是通过划线将样品在平板上进行稀释，使之形成单个菌落。常用的划线方法有下列两种：

① 用接种环以无菌操作挑取土壤悬液一环，先在平板培养基的一边作第一次平行划线 3～4 条，再转动培养皿约 70°角，并将接种环上剩余菌烧掉(由于接种环上沾有菌液过多，培养后菌落的密度大，不易呈单菌落，故需将接种环在火焰上重新灼烧，去除多余的菌体)，待冷却后通过第一次划线部分作第二次平行划线，再用同法通过第二次平行划线部分作第三次平行划线和通过第三次平行划线部分作第四次平行划线(图 3－12A)。划线完毕后，盖上皿盖，倒置于恒温箱培养。

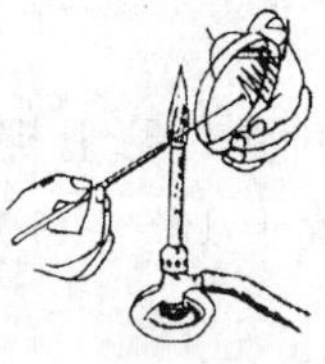

图 3－11　平板划线操作图

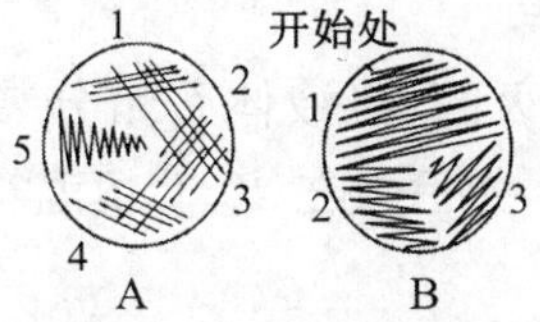

图 3－12　划线分离图

注意划线时平板面与接种环面成 30°～40°角，以手腕力量在平板表面轻巧滑动划线，接种环不要嵌入培养基内划破培养基，线条要平行密集，充分利用平板表面积，注意勿使前后两条线重叠。

② 将挑取有样品的接种环在平板培养基上作连续划线(图 3－12B)。划线完毕后，盖上皿盖，倒置于恒温箱培养。

(3) 挑菌：同稀释涂布平板法，一直到菌分纯为止。

4. 结果记录方法

菌落特征描写方法如下：

(1) 大小：大、中、小、针尖状。可先将整个平板上的菌落粗略观察一下，再决定大、中、小的标准，或由教师指出一个大小范围。

(2) 颜色：黄色、金黄色、灰色、乳白色、红色、粉红色等。

(3) 干湿情况:干燥、湿润、黏稠。

(4) 形态:圆形、不规则等。

(5) 高度:扁平、隆起、凹下。

(6) 透明程度:透明、半透明、不透明。

(7) 边缘:整齐、不整齐。

(三) 微生物保藏

下列各法可根据实验室具体条件与需要选做。

1. 斜面传代保藏法

(1) 贴标签:取各种无菌斜面试管数支,将注有菌株名称和接种日期的标签贴上,贴在试管斜面的正上方,距试管口 2～3 cm 处。

(2) 斜面接种:将上述纯化好需保藏的菌种以无菌操作法转接在适宜的固体斜面培养基上,细菌和酵母菌宜采用对数生长期的细胞,而放线菌和丝状真菌宜采用成熟的孢子。

(3) 培养:细菌于 37 ℃恒温培养 18～24 h,酵母菌于 28～30 ℃培养 36～60 h,放线菌和丝状真菌置于 28 ℃培养 4～7 d。

(4) 保藏:待其充分生长后,用油纸将棉塞部分包扎好(斜面试管用带帽的螺旋试管为宜,这样培养基不易干,且螺旋帽不易长霉,如用棉塞,塞子要求比较干燥),直接放入 4 ℃冰箱保藏。

保藏时间依微生物的种类而有不同,霉菌、放线菌及有芽孢的细菌保存 2～4 个月,移种一次。酵母菌两个月,而不产芽孢的细菌最好每月移种一次。此法操作简单、使用方便、不需特殊设备,能随时检查所保藏的菌株是否死亡等,缺点是保藏时间短、需定期传代、菌种容易变异,且污染杂菌的机会较多。

2. 液体石蜡法

(1) 液体石蜡灭菌:将液体石蜡分装于试管或三角烧瓶中,塞上棉塞并用牛皮纸包扎,121 ℃灭菌 30 min,然后放在 40 ℃恒温箱中放置 14 d(或置于 105～110 ℃烘箱中 1 h),使水汽蒸发后备用。

(2) 接种培养:同斜面传代保藏法。

(3) 加液体石蜡:用无菌吸管吸取无菌的液体石蜡,加入已长好菌的斜面上,其用量以高出斜面顶端 1 cm 为准(图 3-13),使菌种与空气隔绝。

(4) 保藏:棉塞外包牛皮纸,将试管直立放置于 4 ℃冰箱中保存(有的微生物在室温下比在冰箱中保存的时间还要长)。

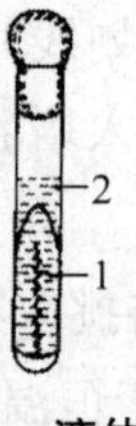

图 3-13 液体石蜡法

1. 斜面的菌苔;
2. 注入的石蜡

利用这种保藏方法,产孢子的霉菌、放线菌、芽孢菌可保藏两年以上,有些酵母菌可保藏 1～2 年,一般无芽孢细菌也可保藏一年左右,甚至用一般方法很难保藏的脑膜炎球菌,在 37 ℃温箱内亦可保藏 3 个月之久。此法的优点是制作简单、不需特殊设备,且不需经常移种。缺点是保存时必须直立放置、所占位置较大,同时也不便携带。

(5) 恢复培养:用接种环从液体石蜡下挑取少量菌种,在试管壁上轻靠几下,尽量使油滴净，再接种于新鲜培养基中培养。由于菌体表面粘有液体石蜡，生长较慢且有黏性，故一般须转接 2 次才能获得良好菌种。另外注意接种环在火焰上烧灼时，培养物容易与残留的液体石蜡一起飞溅，应特别注意。

3. 滤纸保藏法

(1) 菌种培养：将需要保存的菌种在适宜的斜面培养基上培养，直到生长半满。

(2) 保护剂的配制：配制 20%脱脂奶，装在三角瓶或试管中，112 ℃灭菌 25 min，待冷却后，随机取出几份分别置于 28 ℃，37 ℃下培养过夜，然后各取 0.2 mL 涂布在肉汤平板上或斜面上进行无菌检查，确认无菌后方可使用，其余的保护剂置于 4 ℃下存放待用。

(3) 滤纸条的准备：将滤纸剪成 0.5 cm×1.2 cm 的小条，装入 0.6 cm×8 cm 的安瓿管中，每管1～2 条，用棉花塞上后经 121 ℃灭菌 30 min。

(4) 菌悬液的制备：取灭菌脱脂牛乳 1～2 mL 加入待保存的菌种斜面试管内。用接种环轻轻地将菌苔刮下，制成浓悬液。

(5) 分装样品：用灭菌镊子自安瓿管取滤纸条浸入菌悬液内，使其吸饱，再放回至安瓿管中，塞上棉塞。

(6) 干燥：将安瓿管放入内有五氧化二磷（或无水氯化钙）作吸水剂的干燥器中，用真空泵抽气至干。

(7) 熔封与保存：将棉花塞入管内，用火焰如图 3－14 熔封，保存于低温下。

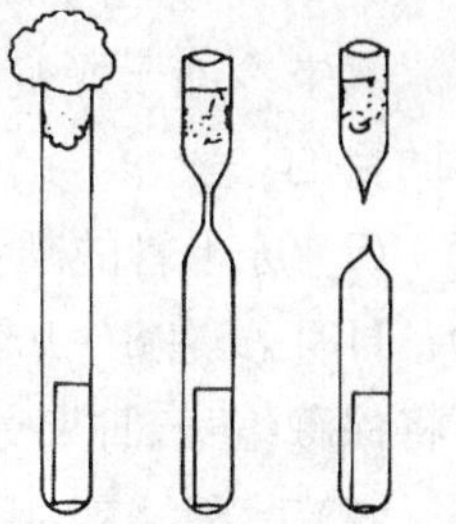

图 3－14　滤纸保藏法的安瓿管熔封

(8) 取用安瓿管：需要使用菌种、复活培养时，可用锉刀或砂轮从上端打开安瓿管（如图 3－15A 所示）或将安瓿管口在火焰上烧热，滴一滴冷水在烧热的部位，使玻璃破裂，再用无菌镊子敲掉口端的玻璃，待安瓿管开启后，取出滤纸（如图 3－15B 所示），放入液体培养基内或加入少许无菌水，用无菌吸管或毛细滴管吹打几次，使干燥物很快溶解后吸出，转入适当的培养基中置恒温箱中培养。

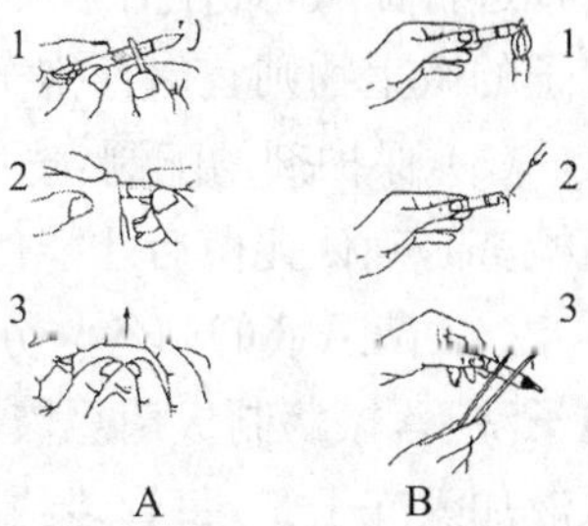

图 3－15　安瓿管取用

细菌、酵母菌、丝状真菌均可用此法保藏，前两者可保藏 2 年左右，有些丝状真菌甚至可保藏 14～17 年之久。此法较液氮冷冻干燥法简便，不需要特殊设备。

4. 沙土保藏法

(1) 沙处理：取河沙若干经 40 目过筛，去除大颗粒，加 10%HCl 浸泡（用量以浸没沙面为宜）2～4 h（或煮沸 30 min），以除去其中的有机质，倒去盐酸溶液，用自来水冲洗至中性，最后一次用蒸馏水冲洗，烘干或晒干，备用。

(2) 土处理：取非耕作层不含腐殖质的瘦黄土或红土（不含有机质），加自来水浸泡洗涤数次，直至中性。烘干后粉碎，用 100 目筛子过筛，去除粗颗粒后备用。

(3) 沙土混合：按一份黄土、三份沙的比例（或根据需要而用其他比例，甚至可全部用沙或全部用土）掺和均匀，装入 10 mm×100 mm 的小试管或安瓿管中，每管装 1 g 左右，塞上棉塞，进行灭菌（通常采用间歇灭菌 2～3 次），烘干。

(4) 无菌检查：每 10 支砂土管随机抽 1 支，将沙土倒入肉汤培养基中，于 37 ℃培养 48 h，若仍有杂菌，则需全部重新灭菌，再作无菌试验，直至证明无菌，方可备用。

(5) 菌悬液的制备：选择培养成熟的（一般指孢子层生长丰满的，营养细胞用此法效果不好）优良菌种，以 2～3 mL 无菌水洗下，制成孢子悬液。

(6) 分装样品：于每支沙土管中加入约 0.5 mL（一般以刚刚使沙土润湿为宜）孢子悬液，以接种针拌匀。

(7) 干燥：将装有菌悬液的砂土管放入干燥器内，干燥器底部盛有干燥剂。用真空泵抽干水分（抽干时间越短越好，务必在 12 h 内抽干）后火焰封口（也可用橡皮塞或棉塞塞住试管口）。

(8) 保存：置 4 ℃冰箱或室温干燥处，每隔一定的时间进行检测。

(9) 复活：需要使用菌种、复活培养时，取沙土少许移入液体培养基内，置于温箱中培养。

此法多用于产芽孢的细菌、产生孢子的霉菌和放线菌。在抗生素工业生产中应用广泛、效果较好，可保存几年时间，但对营养细胞效果不佳。

5. *冷冻真空干燥法*

真空冷冻干燥机有成套的装置出售，价值昂贵，此处介绍的是简易方法与装置，可达到同样的目的。

(1) 冻干管的准备：选用中性硬质玻璃，95＃材料为宜，内径约 50 mm，长约 15 cm，用 10%HCl 浸泡 8～10 h 后用自来水冲洗多次，最后用去离子水洗 1～2 次，烘干后塞上棉花。可将保藏编号、日期等打印在纸上，剪成小条，装入冻干管，121 ℃灭菌 30 min，备用。

(2) 菌种培养：用冷冻干燥法保藏的菌种，其保藏期可达数年至数十年，为了在许多年后不出差错，故所用菌种要特别注意其纯度，即不能有杂菌污染，然后在最适培养基中用最适温度培养，使培养出良好的培养物。细菌和酵母的菌龄要求超过对数生长期，若用对数生长期的菌种进行保藏，其存活率反而降低。一般来说，细菌要求培养 24～48 h；酵母需培养 3 d；形成孢子的微生物则宜保存孢子；放线菌与丝状真菌则培养 7～10 d。

(3) 保护剂的配制：选用适宜的保护剂按使用浓度配制后灭菌检查（同滤纸法保护剂的无菌检查），确认无菌后才能使用。糖类物质需用过滤器灭菌，脱脂牛奶 112 ℃，灭菌 25 min。

(4) 菌悬液的制备与分装：吸 2～3 mL 保护剂加入新鲜斜面菌种试管，用接种环将菌苔或孢子洗下，振荡制成菌悬液，真菌菌悬液则需置 4 ℃平衡 20～30 min。用无菌毛细滴管吸取菌悬液加入冻干管，每管装约 0.2 mL。

(5) 预冻：用程序控制温度仪进行分级降温。不同的微生物其最佳降温速率有所差异，一般由室温快速降温至 4 ℃，4～40 ℃每分钟降低 1 ℃，−40～60 ℃以下每分钟降低 5 ℃，条件不具备者，可以使用冰箱逐步降温，从室温到 4 ℃，再至−12 ℃，再至−30 ℃，最后至−70 ℃，也可用盐冰、干冰替代。

(6) 冷冻真空干燥：启动冷冻真空干燥机制冷系统，当温度下降到−50 ℃ 以下时，将冻结好的样品迅速放入冻干机钟罩内，启动真空泵抽气直至样品干燥。抽气一般若在 30 min 内能达到 93.3 Pa（0.7 mmHg）真空度时，则干燥物不致熔化，以后再继续抽气，几小时内，肉眼可观察到被干燥物已趋干燥，一般抽到真空度 26.7 Pa（0.2 mmHg），保持压力 6～8 h 即可。也可按图 3-16 所示用简单的装置代替冻干机。

样品干燥的程度对菌种保藏的时间影响很大，一般要求样品的含水量为 1%～3%。判断方法:a. 外观　样品表面出现裂痕,与冻干管内壁有脱落现象,说明干燥程度尚可; b. 指示剂　用3%的氯化钴水溶液分装冻干管,当溶液的颜色由红变浅蓝后,再抽同样长的时间便可。

(7) 取出样品:先关真空泵,再关制冷机,打开进气阀使钟罩内真空度逐渐下降,直至与室内气压相等后打开钟罩,取出样品,先取几支冻干管在桌面上轻敲几下,样品很快疏散,说明干燥程度达到要求。若用力敲,样品不与内壁脱开,也不松散,则需继续冷冻真空干燥,此时样品不需事先预冻。

(8) 熔封(图 3-16B)与保藏:干燥后继续抽真空达1.33 Pa 时,在冻干管棉塞的稍下部位用酒精喷灯火焰灼烧,拉成细颈并熔封,然后置于 4 ℃冰箱或室温暗处保藏。

(9) 取用冻干管:先用 75%乙醇将冻干管外壁擦干净,再用砂轮或锉刀在冻干管上端画一小痕迹,然后将所画之处向外,两手握住冻干管的上下两端稍向外用力便可打开冻干管,或将冻干管进口烧热,在热处滴几滴水,使之破裂,再用镊子敲开(同图 3-15 安瓿管取用)。

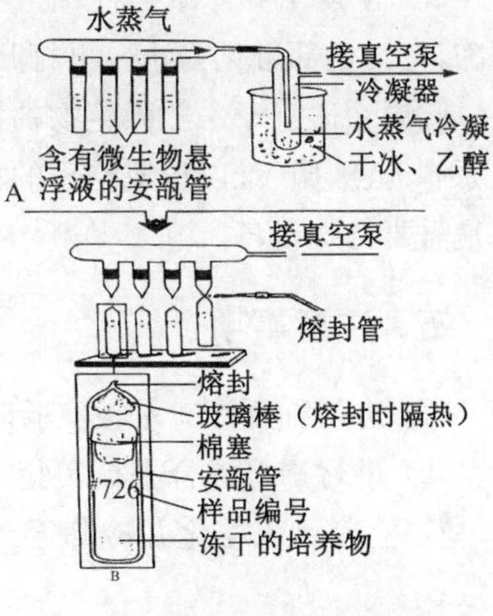

图 3-16　冷冻真空干燥法简易装置

A. 真空干燥;B. 熔封

此法为菌种保藏方法中最有效的方法之一,对一般生命力强的微生物及其孢子以及无芽孢菌都适用,即使对一些很难保存的致病菌,如脑膜炎球菌与淋病球菌等亦能保存。适用于菌种长期保存,一般可保存数年至十余年,但设备和操作都比较复杂。

6. *液氮冷冻保藏法*

(1) 准备安瓿管:用于液氮保藏的安瓿管要求既能经 121 ℃高温灭菌又能在－196 ℃低温长期存放。因此要求其能耐受温度突然变化而不致破裂,可采用硼硅酸盐玻璃制造的安瓿管。现已普遍使用聚丙烯塑料制成带有螺旋帽和垫圈的安瓿管,容量为 2 mL。用自来水洗净后,经蒸馏水冲洗多次,烘干,121 ℃下灭菌 30 min。

(2) 保护剂的准备:配制 10%～20%的甘油或 10%二甲亚砜,121 ℃下灭菌 30 min,使用前随机抽样进行无菌检查(见滤纸法保护剂的配制)。

(3) 菌悬液的制备:取新鲜的培养健壮的斜面菌种加入 2～3 mL 保护剂,用接种环将菌苔洗下振荡,制成菌悬液。

(4) 分装样品:用记号笔在安瓿管上注明标号,用无菌吸管吸取菌悬液,加入安瓿管中,每支管加 0.5 mL 菌悬液,拧紧螺旋帽。如果安瓿管的垫圈或螺旋帽封闭不严,液氮罐中液氮进入管内,取出安瓿管时,会发生爆炸,因此密封安瓿管十分重要,需特别细致。

(5) 预冻:先将分装好的安瓿管以每分钟下降 1 ℃的慢速冻结至－30 ℃。若没有程序控制降温仪,可采用分段降温。如先将安瓿管置 4 ℃冰箱中放30 min 后转入冰箱中－18 ℃处放置 20～30 min,再置－30 ℃低温冰箱或冷柜20 min 后,快速转入－70 ℃超低温冰箱 1 h。需经过预冻,是因为若细胞急剧冷冻,则在细胞内会形成冰的结晶,因而降低存活率。

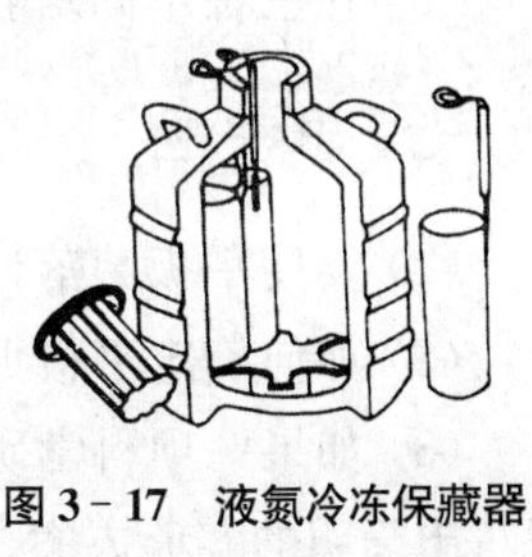

图 3-17　液氮冷冻保藏器

(6) 保存:经预冻后,将安瓿管快速转入液氮罐(图 3-17)液相中(液氮保藏器内的气相为−150 ℃,液态氮内为−196 ℃),并记录菌种在液氮罐中存放的位置与安瓿管数。

(7) 恢复培养保藏菌种:需要用时,将安瓿管取出,立即放入38～40 ℃的水浴中进行急剧解冻,直到全部融化为止。再打开安瓿管,将内容物移入适宜的培养基上培养。

此法除适宜于一般微生物的保藏外,对一些用冷冻干燥法都难以保存的微生物如支原体、衣原体、氢细菌、难以形成孢子的霉菌、噬菌体及动物细胞均可长期保藏,而且性状不变异。缺点是需要特殊设备。

五、注意事项

(1) 进行稀释涂布平板实验时,涂棒在需培养基表面轻轻涂布,并涂布均匀。

(2) 进行稀释混合平板实验时,由于细菌易吸附在玻璃器皿表面,所以菌液加入到培养皿后,应当立刻倒入熔化并冷却至 45°左右的培养基,立刻摇匀。否则,细菌将不易分散,影响计数。

(3) 进行平板划线分离实验时,注意划线要快速,接种环不要嵌入培养基内划破培养基,线条要平行密集,充分利用平板表面积。注意勿使前后两条线重叠。

(4) 进行微生物保藏时,需根据所要保藏的微生物特点选择合适的保藏方法。

六、实验结果

(1) 将培养后菌落计数结果填入下表,并比较稀释涂布平板法、稀释混合平板法所得的计数结果的差异及分析原因。

分离方法												
稀释度												
	1	2	3	平均	1	2	3	平均	1	2	3	平均
cfu /平板												
cfu/mL												
微生物的细胞数（个/克）												

(2) 你所做的稀释涂布平板法、稀释混合平板法和划线法是否都能较好地得到了单菌落?如果不是,请分析其原因并重做。

(3) 在三种不同培养基的平板上你分离得到哪些类群的微生物?简述它们的菌落特征。

七、思考题

(1) 要使平板菌落计数准确,需要掌握哪几个关键?为什么?

(2) 如何确定平板上某单个菌落是否为纯培养?请写出主要的实验步骤。

(3) 如果一项科学研究内容需从自然界中筛选到能产高温蛋白酶的菌株,你将如何完成?请写出简明的实验方案。

(4) 为什么高氏Ⅰ号培养基和马丁氏培养基中要分别加入酚和链霉素？如果用牛肉膏蛋白胨培养基分离一种对青霉素具有抗性的细菌，你认为应如何做？

(5) 培养微生物时应考虑哪些原则？培养时，为什么要把已接种的培养皿倒置培养？

(6) 经常使用的细菌菌种，应用哪一种方法保藏既好又简便？

(7) 产孢子的微生物常用哪一种方法保藏？

第四章 设计型、综合型和探究型实验

实验教学作为高等学校教学工作的重要组成部分，是培养合格人才的基本环节，在学生能力培养和综合素质提高方面有其独特的作用。通过实验，可以培养学生的动手能力、分析和解决问题的能力、正确的思维方法及严谨的科学态度和工作作风等。但长期以来，验证型实验较多，趣味性较差，此外缺乏学科交叉性。显然，以往的教学内容和模式远远不能适应21世纪创新型、知识型和复合型人才的培养。

本部分主要为设计型、综合型和探究型实验，涉及内容较广，主要包括检测、培养或观察一些食品、农业和环境工程中的微生物。其中设计型实验，是指学生根据给定的实验任务书，查阅文献资料，自行设计实验方案、准备实验仪器和药品、独立进行实验操作，最后书写实验报告，总结实验结果。设计型实验的主体是学生，整个实验过程由学生独立设计和操作，实验中出现的问题由学生自己提出并设法解决。

实验十三 微生物育种

一、实验目的和内容

(1) 通过自行选择诱变剂处理微生物群体细胞，进行合理筛选，学习微生物诱变育种的基本操作方法。

(2) 了解原生质体融合技术的原理。

(3) 学习并掌握以细菌和真菌为材料的原生质体融合技术。

二、原理

微生物育种(microbial breeding)就是指培育优良微生物的生物学技术。其方法通常为自然选育和人工选育两类，可单独使用，也可交叉进行。

自然选育是指对自然界中的微生物，在未经人工诱变或杂交处理的情况下进行分离和纯化(见实验十二)，然后进行纯培养和测定，选择性状优良的菌株。这种方法简单易行，但获得优良菌种的几率小，一般难以满足生产的需要。因此人工选育是目前获得优良性状的微生物菌种的主要方法。人工选育分诱变育种和杂交育种两种。

诱变育种是在人为的条件下，利用物理、化学等因素，诱发微生物群体细胞，通过合理的筛选程序和方法，从中选出遗传物质分子结构发生改变的少数细胞，培育成新品种。诱变剂可分为物理诱变剂(如紫外线、激光、微波、超声波、X-射线、γ-射线、快中子等)和化学诱变剂(如亚硝酸、亚硝基胍、硫酸二乙酯、吖啶类染料等)。诱变育种常利用形态突变型、生化突变型、条件致死突变型和致死突变型进行初筛而获得优良性状的突变株。诱变育种方法简便,容易掌握,是目前行之有效的一种重要育种手段,但自觉性、方向性差。微生物诱变育种一般按照图 4-1 所示工作程序进行。

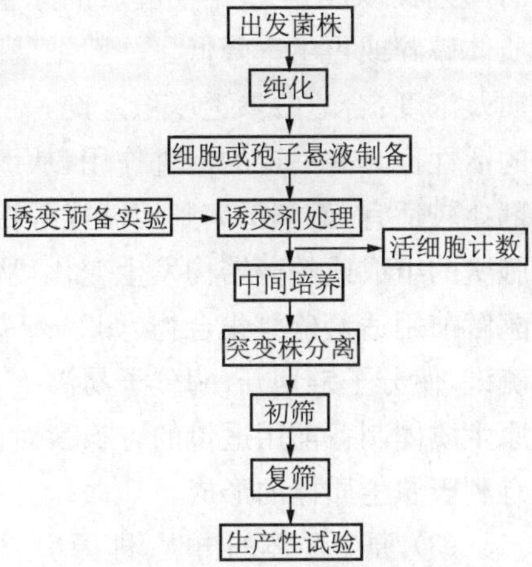

图 4-1　微生物诱变育种程序

杂交育种是指不同基因型的品系或种属间,通过交配或体细胞融合等手段形成杂种,或者是通过转化和转导形成重组体,再从这些杂种或重组体或是它们的后代中筛选优良菌种。通过这种方法可以分离到具有新的基因组合的重组体,也可以选出由于具有杂种优势而生长旺盛、生物量多、适应性强以及某些酶活性提高的新品系。原核微生物杂交育种的主要方式有转化、转导、转染、接合;真核微生物杂交育种的主要方式为有性杂交和准性生殖。杂交育种与诱变育种技术相比,是向更自觉、更有效和一定的方向前进了一步,特别是对那些长期诱变不显效的菌株,可通过杂交育种等手段,实现优良性状的组合,目前在育种工作中也占重要地位。

微生物细胞中的原生质体融合也是杂交育种在体细胞水平上的反映。原生质体融合就是用水解酶除去遗传物质转移的最大障碍——细胞壁,从而释放出只有原生质膜包被着的球状原生质体,然后用物理或化学方法诱导遗传特性不同的两亲本原生质体融合,经染色体交换、重组而达到杂交的目的,经筛选获得集双亲优良性状于一体的稳定融合子。原生质体融合与常规杂交相比有多方面的优势,除了能显著提高重组频率外,还具有定向育种的含义。此项技术能把亲缘关系比较远,甚至毫无关系的生物体细胞融合在一起,为远缘杂交架起了桥梁,是改造细胞遗传物质的有力手段,它不仅在于打破了有性杂交重组基因创造新种的界限,更重要的是扩大了遗传物质的重组范属。

原生质体融合一般包括如下步骤:

(1) 标记菌株的筛选,即对两亲本菌株选择不同的营养缺陷型或对药物不同的抗性差异等。

(2) 原生质体的制备,即用水解酶除去细胞壁,释放出只有原生质膜包被着的球状原生质体的过程。不同微生物种类其细胞壁结构和化学组成不同,酶解处理的有效酶也不一样,因此要根据微生物种类特性选择合适的酶。处理细菌细胞壁常用酶为溶菌酶,处理真菌细胞壁常用酶为纤维素酶、酵母裂解酶、β-1,3葡聚糖酶、几丁质酶、蜗牛酶等。影响原生质体制备的主要因素有① 酶用量:酶中往往含有对原生质体有害的酶类,随着酶量的增加,杂酶的浓度也会随之增加,当达到一定浓度时,必然会影响原生质体的活性;而且,酶浓度过大,细胞脱壁太彻底,必然降低原生质体的再生率。② 酶解温度:根据酶反应动力学原理,酶解温度直接影响酶促反应的速度。细菌与放线菌的最适酶解温度为 28～37 ℃,真菌的最适酶解温度为 30～35 ℃。③ 酶解液 pH:酶解液 pH 不仅影响酶的活力和底物的特性,改变溶壁效果,而且影响已脱壁原生质体的稳定性。细菌如枯草芽孢杆菌最适 pH 为 7.5～8.5,低于 pH 7 对原生质体的制备率影响较大。真菌如产黄青霉菌最适 pH 为 5.5,在 pH 4.0～8.0 范围内均可释放原生质体。④ 酶解时间:不同微生物的最适酶解时间的差异很大(20 min～7 h 左右)。酶解时间过长，对于一些早期释放的原生质体膜有破坏作用，影响原生质体膜的稳定性，导致原生质体破碎或再生率降低。一般细菌酶解时间较短，真菌酶解时间较长。⑤ 渗透压稳定剂的性质及浓度：合适的渗透压稳定剂，一方面可使原生质体内外的渗透压维持平衡，另一方面对酶的活性也具有一定的促进作用，从而影响原生质体的产量。通常，丝状真菌以无机盐作为稳定剂比较适宜，而酵母菌则用糖或醇做稳定剂较好。⑥ 预处理方式：不同预处理方式会引起细胞壁的组成或超微结构发生变化，从而影响裂解酶的敏感度。一方面，对已培养好的菌体，在酶解前用适量硫醇化合物(如2-巯基乙醇和二硫苏糖醇)预处理能还原细胞壁中蛋白质的二硫键，使分子链切开，酶分子易渗入，从而促进细胞壁的水解及原生质体的释放。另一方面，在原生质体制备前用适量的青霉素对菌体进行预处理，可以抑制肽聚糖合成过程中的转肽作用，有利于原生质体的形成。

(3) 原生质体的再生，即原生质体再形成有生活能力的菌丝。不同微生物的原生质体最适再生条件存在一定的差异。影响原生质体再生的条件有① 菌龄：菌龄过短的菌丝经酶解破壁形成小原生质体，有的细胞器不完全，营养供给不足，再生能力也较低。菌龄长的原生质体再生率高，再生时间远比菌龄短的原生质体短，可能是含有细胞核和其他细胞物质数量多的缘故。如黑曲霉原生质体制备最佳菌龄是24～72 h，36 h最为理想，而原生质体再生的最适时期为60～72 h。② 培养方式：不同的菌种要求不同的再生培养方式，用固体培养法再生原生质体优于液体培养法。③ 培养基：在再生培养基中会添加一些营养物质，这些物质可能是作为细胞壁合成的前体物质，也可能通过代谢转化成细胞壁的前体物质或起到促进代谢，加速细胞壁合成的作用。Ca^{2+}、Mg^{2+}的存在，可以显著提高原生质体的再生率，真菌再生培养基中常添加酵母膏、蛋白质、糖类或氨基酸作为营养因子，而细菌、放线菌中补加水解酪蛋白、血清白蛋白、氨基酸和琥珀酸钠作为营养因子。④ 酶解参数：原生质体制备时的酶浓度和酶解时间对原生质体再生的影响较大。酶浓度的高低也影响原生质体的再生，因为在过高浓度的酶制备原生质体时细胞受损伤较大，失去了重新建成原来细胞所必要的因子，影响原生质体的再生。此外一般酶解时间过长使再生率降低。⑤ 原生质体的贮存：由于原生质体比较脆弱，在各种高渗液中保存，其再生能力普遍都会下降。

(4) 原生质体的融合：原生质体融合方法可分自发融合和诱导融合两类。因自发融合的几率较低，故在处理过程中多采用许多不同的诱导融合方法。其方法有① 化学诱导融合如聚乙二醇(polyethylene glycol，PEG)介导的细胞融合。此法不需要仪器，操作简单，但PEG对细胞有毒性，原生质体融合率低。② 电诱导融合：指利用电场来诱导细胞彼此连接成串，在施加瞬间强脉冲促使质膜发生可逆性电击穿，促使细胞融合的方法。此法无毒无害，直观操作，融合率较高，但需要在专门的电融合仪和配套的融合小室上进行，所需的设备费用较高。③ 激光诱导融合：此法是利用激光微束对相邻细胞接触区的细胞膜进行破坏(或扰动)，可将两个不同特性、不同大小的细胞在显微镜下实现融合。即利用光镊捕捉并拖动一个细胞使之靠近另一个细胞并紧密接触，然后对接触处进行脉冲激光束处理，使质膜发生光击穿，产生微米级的微孔。这样，由于质膜上微孔的可逆性，细胞开始变形融合，最终成为一个细胞。此法毒性小，损伤小，但由于其所需设备昂贵复杂，操作技术难度大，很难推广应用。④ 现代物理方法：有基于微流控芯片的细胞融合技术、高通量细胞融合芯片、空间细胞融合技术、离子束细胞融合技术和非对称细胞融合技术。⑤ 生物诱导融合如灭活病毒介导的细胞融合等。此法因病毒制备困难、操作复杂、灭活病毒的效价差异大、实验的重复性差、融合率很低等。目前，这种方法主要用于实验室动物细胞融合。

(5) 融合子的选择:利用营养缺陷型标记、抗药性标记、灭活标记、荧光染色标记、某些特殊的生理特征等筛选融合子。

(6) 实用性菌株的筛选。

三、仪器与药品

(1) 学生可根据实验室条件，自行选择进行诱变的菌种(如枯草芽孢杆菌、黑曲霉、米曲霉)和诱变剂(紫外线、激光、微波、亚硝酸、亚硝基胍、硫酸二乙酯等)，可分组选择不同的菌种和诱变剂。自己查阅文献设计实验，准备实验材料和用具。

(2) 根据实验室条件，自行选择进行原生质体融合的实验材料(如细菌、酵母和霉菌)和融合方法(电诱导融合、化学融合和激光诱导融合等)，可分组选择不同的材料和方法。自己查阅文献设计实验，准备实验材料和用具。

四、实验步骤

学生自己查阅文献设计实验，确定实验步骤。可参考以下文献：

钱存柔和黄仪秀等编著的《微生物学实验教程》，牛天贵主编的《食品微生物学实验技术》等。

五、注意事项

(1) 诱变剂通常也是致癌剂，在使用时必须非常谨慎，要避免紫外线直接照射人体皮肤及眼睛；由于γ-射线穿透力和杀菌作用都很强，因此，使用时需采用专用设备和更加严格的防护措施。化学诱变剂使用时必须十分谨慎，不能直接用口吸取，避免与皮肤直接接触和吸入它的蒸汽，操作室内应装有通风装置或蒸汽罩。

(2) 原生质体诱变相比于细胞诱变的优点是：没有细胞壁屏障，诱变剂容易进入细胞内，发生变异的概率更大、时间更短、效率更高。

(3) 细菌、酵母和霉菌原生质体诱变有一些区别，如单细胞悬液和孢子悬液的制备，所需的酶的种类和配比不同，诱变剂量不同等。

(4) 紫外诱变时，一定要在红光下进行，在暗环境下培养。

六、实验结果

(1) 根据自己选择的诱变菌种和诱变剂，设计表格填写实验结果。注意算出存活率和致死率，并将诱变后的菌种与初始菌种进行比较。

$$存活率=\frac{处理后每毫升\ CFU\ 数}{对照每毫升\ CFU\ 数}\times 100\%$$

$$致死率=\frac{对照每毫升\ CFU\ 数-处理后每毫升\ CFU\ 数}{对照每毫升\ CFU\ 数}\times 100\%$$

(2) 计算原生质体形成率、再生率及融合率。

$$原生质体形成率=\frac{酶解前菌数-剩余菌数}{酶解前菌数}\times 100\%$$

$$原生质体再生率=\frac{再生平板上的总菌数-酶解后的剩余菌数}{原生质体数\times(酶解前总菌数-剩余菌数)}\times 100\%$$

$$融合率=\frac{融合子数}{双亲本再生的原生质体平均数}\times 100\%$$

七、思考题

(1) 紫外线诱变的机理和须注意的事项是什么?

(2) 写出化学诱变育种的主要步骤。

(3) 分别写出细菌、酵母和霉菌原生质体融合的主要步骤。你认为原生质融合的关键步骤是什么?

(4) 哪些因素影响原生质体再生?如何提高再生率?

(5) 电场诱导原生质体融合与化学融合原理有何不同?为何电融合过程所采用亲株在制备原生质体时需严格控制在对数期?

实验十四 微生物生长的测定

一、实验目的和内容

(1) 要求学生自己设计实验,学习测定大肠杆菌数目的方法。

(2) 了解细菌生长曲线的基本特点及其影响因素;学习测定大肠杆菌的生长曲线。

二、原理

一般将生物个体的增大称为生长,个体数量的增加称为繁殖。由于微生物个体微小,肉眼看不见,要借助显微镜放大一定倍数才可观察清楚,为此,要研究微生物的个体生长有一定困难,通常情况下也没有实际意义。微生物是以量取胜的,微生物的生长通常指群体的扩增。研究这才对微生物的科学研究和生产具有重要意义。群体生长表现为细胞数目的增加或细胞物质的增加。测定细胞数目的方法有显微镜直接计数法、平板菌落计数法、光电比浊法以及膜过滤法等。测定细胞物质的方法有细胞干重的测定和生理指标法等。我们分别在实验八和实验十二介绍了显微镜直接计数法和平板菌落计数法。其他方法的原理介绍如下:

光电比浊法的原理:悬液中细胞数量越多,浊度越大,在一定浓度范围内,悬液中的细菌细胞浓度与光密度(*OD* 值)成正比,与透光度成反比。因此,可使用光电比色计测定。需要预先测定光密度与细菌数目的关系曲线,然后根据此曲线可查得待测样品中细菌数。此法简便、迅速,可以节省许多稀释平板计数法的时间,便于在生产实践中控制细胞的数目。但由于细菌细胞浓度仅在一定范围内与光密度成直线关系,因此,要调节好待测菌悬液细胞浓度。且培养液的颜色也不宜过深,颗粒性杂质也会干扰测定结果,此法也不能区分死活细胞。

膜过滤法 (浓缩法):常用来测定空气、水等体积大且含菌浓度较低的样品中的活菌数。测定时将待测样品通过微孔薄膜(如硝酸纤维素薄膜)过滤富集,再与膜一起放到合适培养基或浸有培养液的支持物表面上培养,最后可根据菌落数推算出样品含菌数。

测定细胞干重法适于菌体浓度较高、不含或含少量颗粒性杂质的样品,是测定丝状真菌生长量的一种常用方法。此法是将单位体积的液体培养基中培养的微生物，经过滤或离心收集菌体细胞，用水洗净附在细胞表面的残留培养基，105 ℃高温或真空下干燥至恒重，称重，即可求得培养物中的总生物量。

生理指标法：微生物的生长伴随着一系列生理指标发生变化，例如酸碱度，发酵液中的含氮量、含糖量、产气量等，与生长量相平行的生理指标很多，它们可作为生长测定的相对值。

(1) 测定含氮量：大多数细菌的含氮量为干重的12.5%，酵母为7.5%，霉菌为6.0%。根据含氮量乘以6.25，即可测定粗蛋白的含量。含氮量的测定方法有很多，如用硫酸、过氯酸、碘酸、磷酸等消化法和Dumas测N_2气法。Dumas测N_2气法是将样品与CuO混合，在CO_2气流中加热后产生氮气，收集在呼吸计中，用KOH吸去CO_2后即可测出N_2的量。

(2) 测定含碳量：将少量(干重0.2～2.0 mg)生物材料混入1 mL水或无机缓冲液中，用2 mL 2%的$K_2Cr_2O_7$溶液在100 ℃下加热30 min后冷却。加水稀释至5 mL，在580 nm的波长下读取吸光光度值，即可推算出生长量。需用试剂做空白对照，用标准样品作标准曲线。

(3) 还原糖测定法：还原糖通常是指单糖或寡糖，可以被微生物直接利用，通过还原糖的测定可间接反映微生物的生长状况，常用于大规模工业发酵生产上微生物生长的常规监测。方法是离心发酵液，取上清液，加入斐林试剂，沸水浴煮沸3 min，取出加少许盐酸酸化，加入$Na_2S_2O_3$临近终点时加入淀粉溶液，继续加$Na_2S_2O_3$至终点，查表读出还原糖的含量。

(4) 氨基氮的测定：方法是离心发酵液，取上清液，加入甲基红和盐酸作指示剂，加入0.02N的NaOH调色至颜色刚刚褪去，加入底物18%的中性甲醛，反应数刻，加入0.02N的NaOH使之变色，根据NaOH的用量折算出氨基氮的含量。根据培养液中氨基氮的含量，可间接反映微生物的生长状况。

(5) DNA含量测定法：微生物细胞中DNA含量较为恒定，不易受菌龄和环境因素的影响。DNA可与DABA—HCl(3,5-二氨基苯甲酸—盐酸)溶液反应显示特殊的荧光。根据这种荧光反应强度求得DNA含量。它可以反映待测样品中所含的生物量。也可以根据DNA含量计算出细菌数量。有人推算平均每个细菌细胞约含DNA 8.4×10^{-5} ng。该法的优点是结果准确，缺点是比较费时费事。

(6) ATP含量测定法：微生物细胞中都含有相对恒定量的ATP，而ATP与生物量之间有一定的比例关系。用适当的试剂从培养物中提取出ATP，以分光光度计测定它的荧光素-荧光素酶反应强度，经换算即可求得生物量。此法灵敏度高，但受培养基中磷量的影响。

(7) 其他生理物质的测定：P、RNA、NAM(乙酰胞壁酸)等含量以及产酸、产气、产CO_2(用标记葡萄糖做基质)、耗氧、黏度、产热等指标，都可用于生长量的测定。也可以根据反应前后的基质浓度变化、最终产气量、微生物活性三方面的测定反映微生物的生长。

总之，测定微生物生长量的方法很多，各有优缺点，工作中应根据具体情况要求加以选择。

生长曲线的测定是通过定时测定培养过程中微生物数量的变化，研究单细胞微生物的生长规律。生长曲线常以菌数的对数值作为纵坐标，生长时间作为横坐标，其测定可采用测定微生物群体生长的方法。其中常用的测定大肠杆菌生长曲线的方法有光电比浊计数法。此法可先用血球计数板计数，再将菌悬液分别稀释调整为每毫升含不同的菌数，通过分光光度计分别测定其光密度(尽量控制光密度值在0.1～0.65之间，以得到较高精确度)。然后以光密度(OD)作纵坐标，以每毫升不同菌数为横坐标绘制标准曲线。再将不同培养时间的待测菌悬液适当稀释，同法进行比浊测定，根据所测光密度值就可以从标准曲线上查得每毫升的细菌数。最后以培养时间为横坐标，以细菌数目的对数为纵坐标作图，绘制的曲线则为该菌的生长曲线。此外生长曲线亦可以培养时间为横坐标，以光密度(*OD*)为纵坐标作图，这样则不需制作标准曲线，但表现出的是细菌的相对生长状况。以裂殖方式增殖的细菌，典型的生长曲线可分为四个时期：延迟期(停滞期)、对数期、稳定期(平衡期)和衰亡期。各时期细菌的生理特点各有不同，各时期持续时间的长短，因细菌本身的特性，培养基成分和培养条件不同而有所不同。多细胞的真菌的繁殖方式与细菌不同，其生长曲线也与细菌不同，一般只经历延迟期、最高生长期和衰亡期，看不到对数生长期。常用测定细胞重量法或测定细胞某种成分来测定其生长曲线。通过生长曲线的测定可以了解菌的生理特性，在工业上可用于指导微生物发酵的生产实践。

三、仪器与药品

(1) 菌种：大肠杆菌。

(2) 培养基：牛肉膏蛋白胨液体培养基。

(3) 用具：根据选用的测定群体生长的方法不同，用具也不同。如光电比浊计数法测定大肠杆菌生长曲线时需要的用具有无菌吸管、冰箱、摇床、可见光分光光度计、坐标纸、血球计数板、吸水纸、无菌生理盐水等。

四、实验步骤

1. 根据实验原理中对各种方法的介绍，结合自己查阅的文献，设计测定待测大肠杆菌菌悬液浓度的方法和实验步骤。分组选用不同方法测定，讨论并比较各种方法。

2. 大肠杆菌生长曲线的测定

如以光密度(*OD*)作纵坐标，则无需制作标准曲线，此法可间接了解细菌的生长情况。若以细菌数目的对数作纵坐标，则需制作标准曲线。

(1) 标准曲线的制作

① 编号：取无菌试管 7 支，分别用记号笔将试管编号为 1、2、3、4、5、6、7。

② 调整菌液浓度：用血球计数板计数大肠杆菌培养液，并用无菌生理盐水分别稀释调整为每毫升 1×10^6、2×10^6、4×10^6、6×10^6、8×10^6、10×10^6、12×10^6 的细胞悬液。再分别装入已编好的 1～7 号无菌试管中。

③ 测 *OD* 值：将 1～7 号不同浓度的菌悬液，摇匀后于 600 nm 波长，1 cm 比色杯中比色测定 *OD* 值。比色时，用无菌生理盐水作空白对照，并将 *OD* 值填入下表。

④ 以光密度(*OD*)为纵坐标，每毫升细胞数为横坐标，绘制标准曲线。

(2) 生长曲线的绘制

① 编号：取 11 支盛有牛肉膏蛋白胨液体培养基(3～5 mL)的大试管，用记号笔标明培养时间，即 0 h、1.5 h、3 h、4 h、6 h、8 h、10 h、12 h、14 h、16 h、20 h。灭菌备用。

② 接种：用 1 mL 或 0.5 mL 无菌吸管吸取 0.25 mL 大肠杆菌过夜培养液(培养10～12 h)转入上述标记的 11 支无菌大试管中。

③ 培养：将接种后的 11 支试管置于自控水浴振荡器或摇床上(振荡频率 250 r/min)，37 ℃ 振荡培养。分别在 0 h、1.5 h、3 h、4 h、6 h、8 h、10 h、12 h、14 h、16 h、20 h 将编号为对应

时间的试管取出，立即放入冰箱中贮存，最后一同比浊测定其光密度值。

④ 比浊测定：以未接种的牛肉膏蛋白胨液体培养基作空白对照，选用 600 nm 波长进行光电比浊测定。培养液按培养时间由短到长的顺序开始依次测定，对细胞密度大的培养液用牛肉膏蛋白胨液体培养基适当稀释后测定，使其光密度值在 0.1～0.65 之内，记录 *OD* 值时，注意乘上所稀释的倍数。注意测定 *OD* 值前，将待测定的培养液振荡，使细胞均匀分布。

⑤ 绘制：以培养时间为横坐标，可以以光密度(*OD*)作纵坐标，也可以细菌数目的对数作纵坐标，在半对数坐标纸上描点绘制生长曲线，或用 Excel 作图。当以细菌数目的对数作纵坐标时，需根据所测光密度值就可以从标准曲线上查得每毫升的细菌数。

五、实验结果

(1) 记录待测大肠杆菌菌悬液浓度，并比较不同方法的优缺点。

(2) 填写下表，并绘制标准曲线。

菌液浓度/mL	1×10^6	2×10^6	4×10^6	6×10^6	8×10^6	10×10^6	12×10^6
OD 值							

(3) 记录培养 0 h、1.5 h、3 h、4 h、6 h、8 h、10 h、12 h、14 h、16 h、20 h 之后细菌悬液的光密度，并用两种纵坐标分别绘制大肠杆菌的生长曲线。

六、思考题

(1) 如果用活菌计数法制作生长曲线，你认为会有什么不同？两者各有什么优缺点？

(2) 生长曲线中为什么会出现延迟期、稳定期和衰亡期？次生代谢产物的大量积累在哪个时期？根据细菌生长繁殖的规律，采用哪些措施可使次生代谢产物积累更多？

(3) 什么是代时？若细胞密度为 10^3/mL，培养 4.5 h 后，其密度高达 2×10^8/mL，计算出其代时。

实验十五　水和食品中细菌总数及大肠菌群的检测

一、实验目的和内容

(1) 了解和学习水和食品中菌落总数和大肠菌群检测的测定原理和意义。

(2) 掌握水和食品中菌落总数和大肠菌群的检测方法。

(3) 通过实验，初步掌握水和食品中污染的活细菌计数方法，以判别水和食品的卫生质量。

二、原理

水和食品的微生物学指标主要包括细菌菌落总数、大肠菌群数和致病菌数量。其中前两者是日常检测中的必检项目。

细菌菌落总数是指水或经处理后的食品检样，在一定条件培养后，所得 1 g 或 1 mL 检样中所含细菌菌落的总数，其主要作为判别水或食品被污染程度的标志，也可以应用这一方法观察细菌在水和食品中繁殖的动态，以便对被检样品进行卫生学评价时提供依据。一般来说、菌落总数越多，说明水和食品的卫生质量越差，遭受病原菌污染的可能性越大。而菌落总数仅少量存在时，病原菌污染的可能性就会降低或者几乎不存在。但上述规则也有例外，有些食品成品的菌落总数并不高，但由于已有细菌繁殖并已产生了毒素，且毒素性状稳定，仍存留于食品中；再有一些食品如酸泡菜和酸乳等，本身就是通过微生物的作用而制成的，且是活菌制品。因此，菌落总数的测定对评价食品的新鲜度和卫生质量有着一定的卫生指标的作用，但不能单凭此一项指标来判定食品的卫生质量，还必须配合大肠菌群和致病菌等检验，才能作出比较全面、准确的评价。本实验应用平板菌落计数技术测定水或食品中细菌总数。由于水或食品中细菌种类繁多，它们对营养和其他生长条件的要求差别很大，不可能找到一种培养基在一种条件下，使水或食品中所有的细菌均能生长繁殖，因此，以一定的培养基平板上生长出来的菌落，计算出来的水和食品中细菌总数仅是一种近似值。目前一般是采用普通牛肉膏蛋白胨琼脂培养基。故而水中细菌总数的测定和计算是指：在牛肉膏蛋白胨琼脂培养基上，1 mL 水样，经 37 ℃，24 h 培养出来的总菌数（包括腐生和致病细菌）。我国饮用水的卫生学指标规定：在 1 mL 自来水中细菌总数不得超过 100 个（1×10^2）。不同食品有不同的卫生学指标。

大肠菌群系指一群能发酵乳糖，产酸产气，需氧和兼性厌氧的革兰氏阴性无芽孢杆菌。由肠杆菌科中四个菌属内的一些细菌所组成，即埃希氏菌属、柠檬酸杆菌属、产气克雷伯氏菌属和肠杆菌属。它们是肠道最普遍存在和数量最多的一群细菌、常将其作为人畜粪便污染的标志，具有广泛的卫生学意义。水和食品中大肠菌群数是以每 100 mL(g)检样中大肠菌群最可能数（MPN）表示的。当水或食品中检查出大肠菌群时，即证实水或食品已被粪便污染，对人健康不利。我国对水的卫生学指标规定：每升自来水中大肠菌群的数量不能超过 3 个。若只经过加氯消毒即可用作生活饮用水的水源水，其大肠菌群数平均每升不得超过 10^3 个，若必须先经过净化处理，再加氯消毒后方可供生活饮用水的水源水，其大肠菌群的平均数每升不超过 10^4 个。检测水和食品中大肠菌群的方法分为多管发酵法和滤膜法两种。多管发酵法是水的标准检测方法，操作简便，不需要专门仪器，多年使用，结果明显，易鉴别，为我国大多数卫生单位与水厂所采用。滤膜法是指将水样通过一定孔径的滤膜（约 0.45 μm）过滤器过滤，使水中的细菌截留在滤膜上，然后将滤膜（含大肠杆菌鉴别培养基）直接进行培养，或将膜（不含培养基）放在适宜的培养基上培养，大肠杆菌长在膜上，容易计数。检测不同的菌群，可选择不同孔径的滤膜。滤膜法快速，结果重复性好，需配备滤膜过滤装置，适宜大体积水样和茶饮料、碳酸饮料等液体饮料食品的检测。滤膜法目前已为许多大规模水厂使用。本实验学习多管发酵法检测水和食品中的大肠菌群。

为准确检测出水和食品中的大肠菌群，多管发酵法包括：乳糖初发酵试验，平板分离和乳糖复发酵试验三部分。

1. 乳糖初发酵试验

即通常所说的假定试验。其目的在于检查样品中有无发酵乳糖产生气体的细菌。此试验用到乳糖胆盐发酵管，此发酵管含有乳糖、蛋白胨、胆盐、溴甲酚紫。乳糖起选择性碳源的作用，因为许多细菌不能发酵乳糖不生长，而大肠菌群可发酵乳糖产酸（有机酸），产气（CO_2 和 H_2）。溴甲酚紫是 pH 指示剂（碱性条件：紫蓝色；酸性条件：黄色，变色点 pH＝6.8），当大肠菌群的细菌利用乳糖产酸后，使 pH 由中性下降成酸性，培养基从紫色变为黄色。另外，溴甲酚紫还具有抑制其他细菌（如芽孢杆菌）生长的作用。将水样或食品待检样品接种在具倒置德汉氏小管的发酵管内，于 37 ℃下培养，24 h 后德汉氏小管的顶端出现气泡，表明有气体产生，培养基浑浊，颜色变黄，说明水中存在大肠菌群，视为阳性结果。

如有下列情况的出现，其结果判断需谨慎：

（1）个别其他类型的细菌在上述条件下也可能产气，需进行下述试验（即平板分离和乳糖复发酵试验）才能进一步确证。

（2）培养 24 h 后产酸，但未见产气者，不能立即判断为阴性结果，由于菌量少，也可能延迟至 48 h 后才产气，应视为可疑结果，也需进行下述试验（即平板分离和乳糖复发酵试验）进一步确证，48 h 后仍不产气，可判断为阴性结果。

2. 平板分离

平板分离使用的是伊红美蓝琼脂平板。伊红美蓝琼脂培养基中含有伊红与美蓝这两种苯胺类染料，它们不但可以抑制 G^+ 菌和一些难培养的 G^- 菌，而且在低酸度时，两种染料结合形成沉淀，起着产酸指示剂的作用。大肠菌群因其强烈发酵乳糖而产生大量的混合酸，使菌体表面带上正电荷，可染上伊红染料，伊红与美蓝结合，菌体被着上深紫色，在含有两种染料呈紫色的培养基上，形成带核心、具金属光泽的菌落。而其他肠道细菌如肠杆菌属、沙雷氏菌属、克雷伯氏菌属、哈夫尼菌属，虽然也能发酵乳糖，但产酸力弱，菌落呈棕色，至于不发酵乳糖、不产酸的变形菌属，菌落无色透明。在伊红美蓝这种鉴别性培养基上，大肠菌群呈现特征性菌落，因此，凡是出现这种菌落可确认为是大肠菌群。

将上述产酸产气的发酵管分别划线接种于伊红美蓝琼脂平板进行平板划线，置于 36±1 ℃恒温箱内培养 18～24 h，分离出阳性菌落。然后观察菌落形态并作革兰氏染色、镜检并作复发酵试验。

3. 乳糖复发酵试验

即通常所说的证实试验，其目的在于证明经乳糖初发酵试验呈阳性反应的试管内分离到的革兰氏阴性无芽孢杆菌，确能发酵乳糖产生气体。

在上述选择性 EMB 培养基上，挑取可疑的大肠菌群菌落 1～2 个进行革兰氏染色鉴别为 G^-，无芽孢杆菌，接种于乳糖蛋白胨液体发酵管进行复发酵试验，置于 36±1 ℃恒温箱内培养 24±2 h，观察产气情况。凡乳糖发酵管产气，即报告为大肠菌群阳性；凡乳糖发酵管不产气，则报告为大肠菌群阴性。

三、仪器与药品

1. 菌落总数的检测

（1）培养基：牛肉膏蛋白胨琼脂培养基。

（2）试剂：75％乙醇、无菌水和无菌生理盐水等。

（3）器材：直径为 9 cm 的平皿，18 mm×200 mm 试管，1 mL、5 mL 和 10 mL 吸管，500 mL 三角瓶，500 mL 广口瓶，均质器或乳钵，培养箱，恒温水浴锅等。

2. 大肠菌群的检测

（1）培养基：乳糖蛋白胨发酵管，3 倍浓缩乳糖蛋白胨发酵管，伊红美蓝琼脂培养基（EMB）。见第一章常见培养基的配制。

(2) 试剂:革兰氏染色液等。

(3) 器材:平皿、试管、发酵管、吸管、三角瓶、广口瓶、均质器或乳钵、培养箱、恒温水浴锅等。

四、实验步骤

1. 分为不同组进行实验

可将全班分为不同实验组,进行自来水样、水源水样或食品样组(可自由选择,如豆腐、牛奶等)进行细菌总数及大肠菌群的检测。

2. 水样的采取

(1) 自来水:先将自来水龙头用火焰(酒精灯或用长柄镊子夹酒精棉球)烧灼 3 min 左右灭菌,再开放水龙头使水流 5 min 后,用灭菌三角烧瓶接取水样,以待分析(为节约用水,自来水龙头一次灭菌后,实验者依次采取水样)。

(2) 池水、河水或湖水:应取距水面 10～15 cm 的深层水样,先将已灭菌的带塞玻璃瓶,瓶口向下浸入水中,然后翻转过来,开启玻璃塞,水即流入瓶中,盛满后,将瓶塞盖好,再取出水面,最好立即检查,否则需放入 4 ℃冰箱中保存。可用专门的采样器采样。

3. 食品样的处理

以无菌操作法,将 25 g 粉碎以后的固体检样(或 25 mL 液体检样),放于装有 225 mL 无菌生理盐水的三角瓶(瓶内预先放适当数量的玻璃珠)或灭菌乳钵内,经充分振摇或研磨做成 1∶10 的均匀稀释液。

固体检样在加入稀释液后,最好置灭菌容器中以 8 000～10 000 r/min 的速度离心 1 min,做成 1∶10 的均匀稀释液。

4. 细菌总数测定(以下操作均需用无菌操作法进行)

(1) 自来水

① 用灭菌吸管或微量加样器吸取 1 mL 混均水样,注入灭菌培养皿中,分别做 3 个平皿。

② 分别向平皿中倾注 15 mL 熔化并冷却到 45 ℃左右的牛肉膏蛋白胨琼脂培养基,制成平板,并立即轻轻摇匀(不要溅到皿盖上),使水样与培养基充分混合。

③ 另取一平皿,只加培养基,不加水样,作为空白对照平板。

④ 待培养基充分凝固后,倒置于 37 ℃温箱内,培养 24 h,进行菌落计数。

⑤ 3 个平板的平均菌落数即为 1 mL 水样的细菌总数。

(2) 池塘水、河水或湖水

① 水样稀释

按实验十二中的稀释方法将水样稀释。稀释倍数视水样污浊程度而定,中度污浊水样可稀释到 10^{-3}～10^{-4},重度污浊水样可稀释到 10^{-4}～10^{-5}。

② 向每个加有不同稀释度的混均水样的平皿内,倾注 15 mL 牛肉膏蛋白胨琼脂培养基,混匀,每个稀释度做 3 皿,计数时取 3 个平板菌落数的平均值,作为该稀释度的菌落数。另做不加水样平板为空白对照。

③ 于 37 ℃恒温箱中倒置培养 24 h,进行菌落计数。

(3) 食品

① 将上述样品进行 10 倍系列稀释,稀释度视食品性质和污染状况而定。

② 根据食品卫生标准要求或对检样污染情况的估计，选择 2～3 个适宜稀释度，分别吸取 1 mL 稀释液于灭菌平皿内，倾注 15 mL 牛肉膏蛋白胨琼脂培养基，混匀，每个稀释度作 3 个重复。另做加有 1 mL 空白稀释剂（即不含样品）的平板为空白对照。

③ 待琼脂凝固后，倒置平板，于 36±1 ℃恒温箱内培养 48±2 h 取出，计算平板内菌落数目，乘以稀释倍数，即得 1 g(1 mL)样品所含菌落总数。

5. 菌落计数方法

(1) 计算相同稀释度的平均菌落数。若培养后的平板中长出的菌落不单一，成片状菌苔，则不应采用。取无片状菌苔的平板菌落数作为该稀释度的平均菌落数。若片状菌苔仅占整个平板的 $\frac{1}{2}$，而其余的菌落分布十分均匀，则可将菌落数乘以 2 代表全平板的菌落数，然后，再按下述原则计算该稀释度的平均菌落数。

(2) 首先选择平均菌落数在 30～300 之间稀释度的平板，当只有一个稀释度的平均菌落数符合此范围时，则以该平均菌落数乘以稀释倍数，作为该水样或食品样的细菌总数进行报告。如表 4－1 例次 1。

(3) 若有两个稀释度的平均菌落数均在 30～300 之间，则按两个稀释度菌落总数的比值来决定取数。如比值小于 2，应取两者的平均数，如表 4－1 中例次 2。若大于 2，则取其中较小的菌落总数，如表 4－1 中例次 3。

(4) 若所有稀释度的平均菌落数均大于 300，则应按稀释度最高的平均菌落数乘以稀释倍数（见表 4－1 例次 4）。

(5) 若所有稀释度的平均菌落数均小于 30，则应按稀释度最低的平均菌落数乘以稀释倍数（见表 4－1 例次 5）。

(6) 若所有稀释度的平均菌落数均不在 30～300 之间，则以最接近 300 或 30 的平均菌落数乘以稀释倍数（见表 4－1 例次 6）。

表 4－1　计算菌落总数方法举例

例次	不同稀释度的平均菌落数			两个稀释度菌落数之比	菌落总数(个/mL)	备　注
	10^{-1}	10^{-2}	10^{-3}			
1	1 365	164	20	—	16 400 即 1.6×10^4	两位以后的数字采取四舍五入的方法处理，以 10 的指数报告菌落总数
2	2 760	295	46	1.6	37 750 即 3.8×10^4	
3	2 890	271	60	2.2	27 100 即 2.7×10^4	
4	无法计数	1 650	513	—	513 000 即 5.1×10^5	
5	27	11	5	—	270 即 2.7×10^2	
6	无法计数	305	12	—	30 500 即 3.1×10^4	

6. 大肠菌群的检测

(1) 水样的采集和食品样品的处理同上。

(2) 自来水检查

① 乳糖初发酵试验：在 2 个含有 50 mL 乳糖蛋白胨液体培养基(3 倍浓缩)的发酵烧瓶中，各加入 100 mL 水样，在 10 支含有 5 mL 乳糖蛋白胨液体培养基(3 倍浓缩)的发酵管中，各加入 10 mL 水样(如图 4－2)，混匀后，于 37 ℃下培养 24 h，24 h 未产气的继续培养至 48 h。

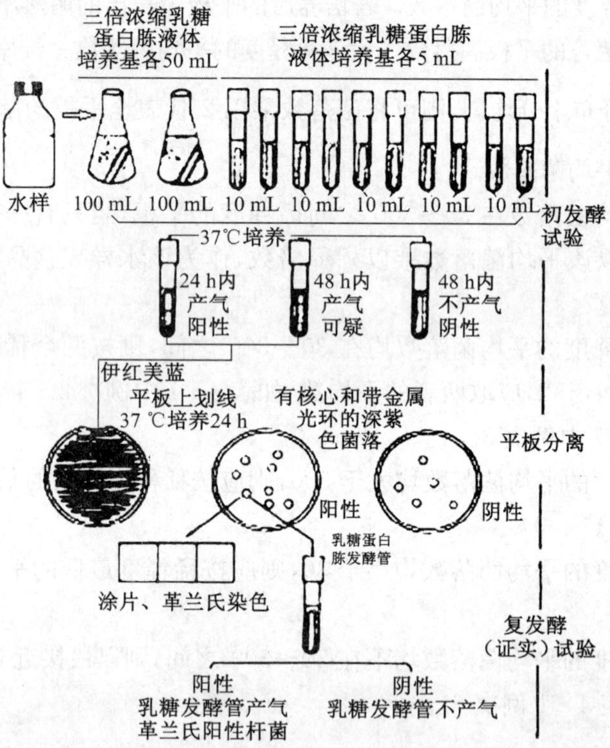

图 4－2　多管发酵法测定水中大肠杆菌群的操作步骤和结果解释

② 平板分离：24 h、48 h 培养后，将 24 h 和 48 h 产酸产气的发酵瓶和发酵管分别划线接种于伊红美蓝琼脂平板上，再于 37 ℃下培养 18～24 h，将符合下列特征(a. 菌落深紫黑色、有金属光泽；b. 菌落紫黑色、不带或略带金属光泽；c. 菌落淡紫红色、中心颜色较深)的菌落的一小部分，进行涂片，革兰氏染色，镜检。

③ 乳糖复发酵试验：经涂片、染色、镜检，如为 G^- 且无芽孢杆菌，则挑取该菌落的另一部分，重新接种于普通浓度的乳糖蛋白胨发酵管中，每管可接种来自同一初发酵管的同类型菌落 1～3 个，于 37 ℃下培养 24 h，结果若产酸又产气，即证实有大肠菌群存在。

④ 大肠菌群数估算：证实有大肠菌群存在后，再根据初发酵试验的阳性管(瓶)数查表 4－2，可得出水样中的大肠菌群数。比如说，初发酵试验的阳性瓶数为 1，阳性管数为 5，则可得出水样中的大肠菌群数为 30。

(3) 水源水的检验

用于检验的水样量，应根据预计水源水(池塘水、河水或湖水)的污染程度选用下列各量。① 严重污染水：1 mL、0.1 mL、0.01 mL、0.001 mL 各 1 份。② 中度污染水：10 mL、1 mL、

表 4-2　大肠菌群最可能数(MPN)检数表
接种水样总量 300 mL(100 mL 2 份,10 mL 10 份)

100 mL 水样的阳性管数	0	1	2
10 mL 水样的阳性管数	每升水样中大肠菌群数		
0	<3	4	11
1	3	8	18
2	7	13	27
3	11	18	38
4	14	24	52
5	18	30	70
6	22	36	92
7	27	43	120
8	31	51	161
9	36	60	230
10	40	69	>230

0.1 mL、0.01 mL 各 1 份。③ 轻度污染水:100 mL、10 mL、1 mL、0.1 mL 各 1 份。④ 大肠菌群变异不大的水源水:10 mL 10 份。

以下步骤同上述自来水的初发酵试验、平板分离和复发酵试验。大肠菌群数估算可根据情况查表 4-3、表 4-4、表 4-5、表 4-6,可得出水样中的大肠菌群数。但应注意,接种量 1 mL 及 1 mL 以内用单倍乳糖胆盐发酵管;接种量在 1 mL 以上者,应保证接种后发酵管(瓶)中的总液体量为单倍培养液量。

表 4-3　大肠菌群检索表(严重污染水)

接种水样量/mL				每升水样中大肠菌群数	备　注
1	0.1	0.01	0.001		
−	−	−	−	<900	接种水样总量为 1.111(1 mL、0.1 mL、0.01 mL、0.001 mL 各一份)
−	−	−	+	900	
−	−	+	−	900	
−	+	−	−	950	
−	−	+	+	1 800	
−	+	−	+	1 900	
−	+	+	−	2 200	
+	−	−	−	2 300	
−	+	+	+	2 800	
+	−	−	+	9 200	
+	−	+	−	9 400	
+	−	+	+	18 000	
+	+	−	−	23 000	
+	+	−	+	96 000	
+	+	+	−	238 000	
+	+	+	+	>238 000	

注:"+"表示大肠菌群发酵阳性,"−"表示大肠菌群发酵阴性。下同。

表 4-4 大肠菌群检索表(中度污染水)

接种水样量/mL				每升水样中大肠菌群数	备 注
10	1	0.1	0.01		
−	−	−	−	<90	
−	−	−	+	90	
−	−	+	−	90	
−	+	−	−	95	
−	−	+	+	180	
−	+	−	+	190	
−	+	+	−	220	
+	−	−	−	230	接种水样总量为 11.11(10 mL、1 mL、0.1 mL、0.01 mL 各一份)
−	+	+	+	280	
+	−	−	+	920	
+	−	+	−	940	
+	−	+	+	1 800	
+	+	−	−	2 300	
+	+	−	+	9 600	
+	+	+	−	23 800	
+	+	+	+	>23 800	

表 4-5 大肠菌群检索表(轻度污染水)

接种水样量/mL				每升水样中备注	大肠菌群数
100	10	1	0.1		
−	−	−	−	<9	
−	−	−	+	9	
−	−	+	−	9	
−	+	−	−	9.5	
−	−	+	+	18	
−	+	−	+	19	
−	+	+	−	22	
+	−	−	−	23	接种水样总量为 111.1(100 mL、10 mL、1 mL、0.1 mL 各一份)
−	+	+	+	28	
+	−	−	+	92	
+	−	+	−	94	
+	−	+	+	180	
+	+	−	−	230	
+	+	−	+	960	
+	+	+	−	2 380	
+	+	+	+	>2 380	

表 4-6　大肠菌群变异不大的水源水

阳性管数	0	1	2	3	4	5	6	7	8	9	10
每升水样中大肠菌群数	<10	11	22	36	51	69	92	120	160	230	>230
备注	接种水样总量 100 mL(10 mL 10 份)										

(4) 食品中大肠菌数的检验

操作步骤同水源水的检验。可根据情况对食品检样进行稀释。

五、实验结果

(1) 自来水细菌总数实验结果。

平板	菌落数	自来水中细菌总数(个/mL)
1		
2		

(2) 将自来水大肠菌数实验结果填入下表,并查表计算出每升自来水中大肠菌群数。

水样	大肠菌群发酵阳性管数
100 mL	
10 mL	

(3) 池塘水、河水或湖水细菌总数实验结果。

稀释度	10^{-1}		10^{-2}		10^{-3}	
平板	1	2	1	2	1	2
菌落数						
平均菌落数						
计算方法						
细菌总数(个/mL)						

(4) 自己设计表格,将池塘水、河水或湖水大肠菌数实验结果填入,并查表计算出每升池塘水、河水或湖水中大肠菌群数。

(5) 自己设计表格,将食品细菌总数和大肠菌数实验结果填入,并查表计算出每升或每克食品检样中大肠菌群数。

六、思考题

(1) 从自来水水样细菌总数和大肠菌数检测的结果判断是否符合饮用水的卫生学标准?

(2) 你所测的池塘水、河水或湖水的污染程度如何?通过实验你对保护水源水有何认识?

(3) 除伊红美蓝琼脂培养基外,平板分离是否还可以用其他的培养基?

(4) 查阅资料，如何用滤膜法测定水和食品中的大肠菌数？

(5) 假如水中有大量的致病菌——霍乱弧菌，用多管发酵技术检查大肠菌群，能否得到阴性结果？为什么？

实验十六　细菌的分布及外界因素对细菌的影响

一、实验目的和内容

(1) 比较来自不同场所与不同条件下细菌的数量和类型。

(2) 体会无菌操作的重要性。

(3) 了解外界因素对细菌生长发育的影响，理解环境条件与微生物生命活动之间的关系。

二、原理

微生物广泛地分布在自然界的各种环境中。平板培养基含有细菌生长所需要的营养成分，当取自不同来源的样品接种于培养基上，在 37 ℃温度下培养，1～2 d 内每一菌体即能形成一个菌落。每一种细菌所形成的菌落都有它自己的特点，例如菌落的大小，表面干燥或湿润、隆起或扁平、粗糙或光滑，边缘整齐或不整齐，菌落透明或半透明或不透明，颜色以及质地疏松或紧密等。因此，可通过平板培养来检查不同场所与不同条件下细菌的数量和类型。

微生物和外界环境处于相互影响的状态中。射线、紫外线可以杀死微生物，也可以改变它们的遗传性状；氧气、温度、pH 和渗透压与细菌生长发育的关系密切；不同类型，不同浓度的化学药品对微生物可以起到营养、抑制，或致死的作用；放线菌、青霉和某些细菌产生的抗菌素可以使微生物受到抑制和致死作用。这些物理、化学、生物因素就构成了微生物的环境因素。反之，由于微生物的生命活动对局部区域的小环境也会产生一定的影响，或产酸、产碱、产酶、产生次生代谢产物，从而可以改变自然环境。由此，微生物与自然环境之间是相互影响、相互作用的矛盾统一体。当外界环境适宜时，微生物进行正常的生长、繁殖；不适宜时，则会使得微生物的生长受到抑制、发生变异、甚至死亡。

三、仪器与药品

1. 菌种

大肠杆菌(*Escherichia coli*)；金黄色葡萄球菌(*Staphylococcus aureus*)；枯草芽孢杆菌(*Bacillus subtillis*)；产黄青霉(*Penicillium chrysogenum*)；丙酮丁醇梭状芽孢杆菌(*Clostridium acetobutylicum*)；圆褐固氮菌(*Azotobacter chroococcum*)；酿酒酵母(*Saccharomyces cerevisiae*)；盐沼盐杆菌(*Halobactrium salinarium*)；粪产碱杆菌(*Alcaligenes faecalis*)。

2. 培养基

牛肉膏蛋白胨固体培养基；豆芽汁固体培养基；葡萄糖牛肉膏蛋白胨培养基；装有蛋白胨葡萄糖发酵培养基的试管(内含倒置德汉氏小管)。

3. 试剂

0.1% $HgCl_2$、碘酒、新洁尔灭(1∶1 000)、5%石炭酸、75%乙醇、NaCl、1 mol/L NaOH 和

1 mol/L HCl。

4. 用具

无菌水、灭菌棉签(装在试管内)、无菌培养皿、接种环、试管、试管架、无菌吸管、涂布棒、酒精灯、黑纸、记号笔、直径 5 mm 的圆滤纸片、紫外光灯、废物缸、镊子、牛津杯等。

四、实验步骤

1. 细菌的分布

将全班分组,每组自由选择细菌的取样地点和影响细菌生长的因素,最后结果供全班讨论。以下实验过程仅供参考。

(1) 写标签

在培养皿皿底上用记号笔做上记号(因为如果写在皿盖上,同时观察两个以上培养皿的结果,打开皿盖时,容易混淆),写上班级、姓名、日期、样品来源(如实验室空气或无菌室空气或头发等),字尽量小些,写在皿底的一边,不要写在当中,以免影响观察结果。

(2) 空气中微生物的分布

取牛肉膏蛋白胨琼脂平皿一只,打开后暴露在空气中,30 min 后盖好平皿,置于 37 ℃恒温箱中培养 18～24 h,观察培养基上的菌落数量及其特征。可取当时做实验的实验室的空气,亦可取无菌室、宿舍或操场的空气,可自由选取。

(3) 物品表面微生物的分布

① 用记号笔在皿底外面中央画一直线,再在此线中间处画一垂直线,如图 4-3。

图 4-3　培养皿底外面画记号图形

② 事先准备好灭好菌的含有棉签的试管,在无菌超净台中取出棉签。

③ 弄湿棉签:左手取灭菌水试管,拔出试管塞并烧灼管口,将棉签插入水中,再提出水面,在管壁上挤压一下以除去过多的水分,小心将棉签取出,烧灼管口,放回试管塞,并将灭菌水试管放在试管架上。

④ 取样:将湿棉签在物品表面上擦拭约 2 cm^2 的范围。物品可选择实验台面、门旋钮、笔记本、硬币、钱包等。

⑤ 接种:在火焰旁使平皿开启成一缝。再将棉签伸入,在琼脂表面滚动一下,立即闭合皿盖。

⑥ 划线:左手拿起平板,开启一缝,将灭过菌并冷却了的接种环,通过琼脂顶端的接种区,向下划线,直到平板的一半处(见图 4-4C)。注意:接种环与琼脂表面的角度要小,移动的压力不能太大,否则会刺破琼脂。

闭合皿盖,左手将平板向左转动至空白处,右手拿的接种环再在火焰上烧灼,使冷。接种环通过前面划的线条再在琼脂的另一半,按图 4-4D,从上向下来回划线至$\frac{1}{2}$处。

烧灼接种环,转动平板,按图 4-4E,划最后$\frac{1}{4}$,立刻盖上皿盖,烧灼接种环,放回原处。

整个划线操作均要求无菌操作,即靠近火焰,而且动作要快。

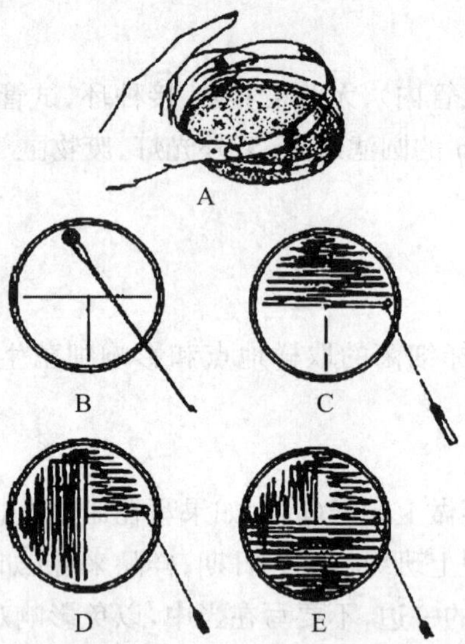

图 4－4　平板接种与划线法

A. 接种时，用左手将平皿开启一缝；B. 将签伸入平板接种；
C. 用已灭菌并冷却了的接种环划线；D. 第二部分划线；E. 最后部分划线

(4) 人体细菌的检查

① 手指(洗手前与洗手后)

(a) 移去皿盖，将未洗过的手指在琼脂平板的表面，轻轻地来回划线，盖上皿盖。

(b) 用肥皂和刷子，用力刷手，在流水中冲洗干净，干燥后，在另一琼脂平板表面来回移动，盖上皿盖。

② 头发：在揭开皿盖的琼脂平板的上方，用手将头发用力摇动数次，使细菌降落到琼脂平板表面，然后盖上皿盖。

③ 咳嗽：将去盖琼脂平板放在离口约 6～8 cm 处，对着琼脂表面用力咳嗽，然后盖上皿盖。

④ 鼻腔

(a) 按照物品表面细菌检查法的步骤②和③，取出棉签，并将其弄湿。

(b) 用湿棉签在鼻腔内滚动数次。

(c) 按物品表面细菌检查法的步骤⑤和⑥，接种与划线，然后盖上皿盖。

⑤ 将所有的琼脂倒置放入 37 ℃培养箱，培养 1～2 d。

⑥ 结果记录方法

(a) 菌落计数在划线的平板上，如果菌落很多而重叠，则数平板最后$\frac{1}{4}$面积内的菌落数。不是划线的平板，也一分为四，数$\frac{1}{4}$面积的菌落数。

(b) 根据菌落大小、形状、高度、干湿等特征观察不同的菌落类型。但要注意，如果细菌数量太多，会使很多菌落生长在一起，或者限制了菌落生长而变得很小，因而外观不典型，故观察菌落的特点时，要选择分离得很开的单个菌落。

2. 环境因素对微生物的影响

(1) 物理因素对微生物的影响

① 紫外线

(a) 将牛肉膏蛋白胨培养基制成平板，用无菌吸管吸取 0.1 mL 培养 18 h 的金黄色葡萄球菌液(约 3×10^8 个/mL)于平板上，以无菌涂布棒将菌液涂布均匀。

(b) 打开培养皿盖，用黑纸遮住培养基的一部分。于紫外光灯下照射 30～40 min，灯与皿的距离约为 30～40 cm。

(c) 照射完毕，盖上皿盖，用黑纸包皿，在 37 ℃下培养 24 h 后，比较加黑纸与未加黑纸处，金黄色葡萄球菌的生长情况。

② 氧气

(a) 在丙酮丁醇梭状芽孢杆菌、圆褐固氮菌和大肠杆菌菌种斜面中分别加入 2 mL 无菌生理盐水，制成菌悬液。

(b) 将装有葡萄糖牛肉膏蛋白胨琼脂培养基的试管加热使培养基熔化，50 ℃保温，无菌操作吸取 0.1 mL 各类微生物菌悬液加入相应试管中，双手快速搓动试管使细菌上下平均分布(见图 4－5)，注意避免振荡使过多的空气混入培养基，将试管置于冰浴中迅速凝固后，于 30 ℃下培养 2～3 d，观察各菌在深层培养基内生长情况，判断细菌对氧气的需要情况。

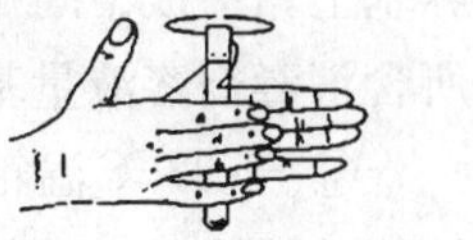

图 4－5　搓动试管示意图

③ 温度

在 4 支装有蛋白胨葡萄糖发酵培养基及倒置德汉氏小管的试管中接入酿酒酵母，分别置于 4 ℃、20 ℃、37 ℃及 60 ℃条件下保温 24～48 h，观察酿酒酵母的生长状况以及发酵产气量。

④ pH

(a) 无菌操作吸取适量无菌生理盐水加入到粪产碱杆菌、大肠杆菌及酿酒酵母斜面试管中，制成菌悬液，使其 $OD_{600\ nm}$ 值均为 0.05。

(b) 无菌操作分别吸取 0.1 mL 上述三种菌悬液，分别接种于装有 5 mL 不同 pH(分别为 3、5、7、9，用 1 mol/L NaOH 和 1 mol/L HCl 调试) 的牛肉膏蛋白胨液体培养基的大试管中。注意吸取菌液时要将菌液吹打均匀，保证各管中接入的菌液浓度一致。

(c) 接种大肠杆菌和粪产碱杆菌的 8 支试管置于 37 ℃温室保温 24～48 h，将接种有酿酒酵母的试管置于 28 ℃温室保温 48～72 h。将上述试管取出，利用 722 型分光光度计测定培养物的 $OD_{600\ nm}$ 值。

⑤ 渗透压

(a) 将含不同浓度 NaCl (分别为 0.85%、5%、10%、15%、20%) 的牛肉膏蛋白胨琼脂培养基熔化，倒平板。

(b) 在已凝固的平板皿底用记号笔划成三部分，分别标记三种菌名(金黄色葡萄球菌、大肠杆菌及盐沼盐杆菌)。无菌操作在相应区域分别划线接种上述三种菌，避免污染杂菌或相互污染。

(c) 将上述平板置于 28 ℃温室中，4 d 后观察并记录含不同浓度 NaCl 的平板上三种菌的生长状况。

(2) 化学因素对微生物的影响

一些化学药剂对微生物生长有抑制或致死作用,因此可选择适宜的化学药剂,配制成适宜的浓度进行消毒或灭菌。以下主要介绍滤纸片法测定化学药剂的杀(抑)菌作用。

① 在无菌培养皿底部用记号笔注明:"1"、"2"、"3"、"4"、"5",在皿盖注明实验名称、时间、实验者。(亦可根据选用的化学药剂种类,将平板底皿划分成4~6等份)

② 将已灭菌并冷至50 ℃左右的牛肉膏蛋白胨琼脂培养基倒入无菌平皿中,水平放置待凝固。

③ 用无菌吸管吸取0.1 mL培养18 h的金色葡萄球菌菌液加入到上述平板中,用无菌三角涂棒涂布均匀。

④ 用无菌镊子将已灭菌的小圆滤纸片分别浸入装有各种化学药剂(氯化汞、碘酒、新洁尔灭、石炭酸、75%乙醇溶液)的试管中浸湿。

⑤ 将浸泡在上述五种溶液中的圆滤纸片,分别放于标有"1"、"2"、"3"、"4"、"5"位置的培养基上。平板中间贴上浸有无菌生理盐水的滤纸片作为对照。注意取出滤纸片时保证滤纸片所含消毒剂溶液量基本一致,并在试管内壁沥去多余药液。

⑥ 于37 ℃温箱中培养24 h,观察抑菌圈的大小,以判断各种药剂对金黄色葡萄球菌抑制性能的强弱。(见图4-6和4-7)

图4-6 贴滤纸片

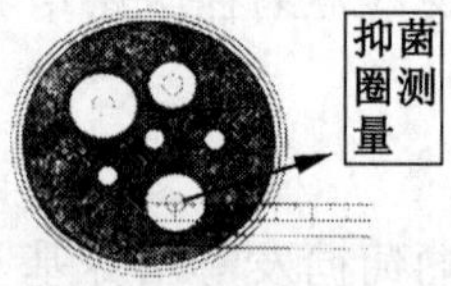

图4-7 圆滤纸片法测定化学消毒剂的杀(抑)菌作用

(3) 生物因素的影响

① 产黄青霉对大肠杆菌、金黄色葡萄球菌、枯草芽孢杆菌的影响

产黄青霉可产生青霉素,青霉素对不同类型的微生物具有不同的抑制效果。对青霉素敏感的菌株,在有青霉素存在时,受到抑制,表现为不生长;反之,则表现为生长。

(a) 将豆芽汁琼脂培养基制成平板,用接种环取少许产黄青霉孢子,在平板的一侧划一直线接种,于25~27 ℃培养64~72 h。

(b) 待形成产黄青霉菌落后,再用接种环分别挑取培养18 h的大肠杆菌、金黄色葡萄球菌、枯草芽孢杆菌的斜面菌苔少许,从产黄青霉菌落边缘向外划平行线接种。

(c) 于37 ℃培养24 h,观察结果,根据抑菌区域,判断青霉素对该菌的抑菌效能。(见图4-8)

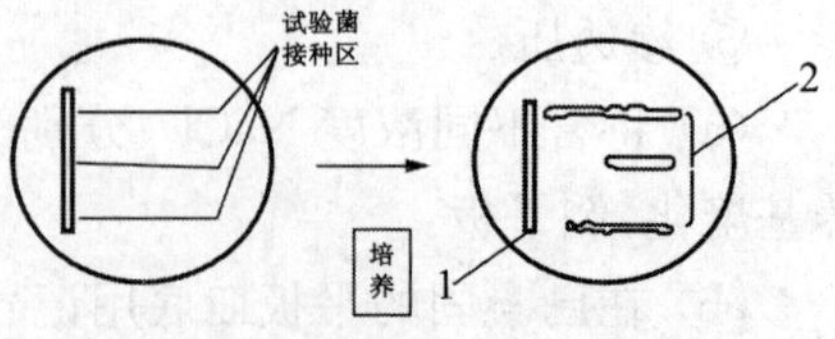

图4-8 抗生素抗菌谱试验

1. 产黄青霉菌落;2. 试验菌

② 中草药对大肠杆菌、金黄色葡萄球菌、枯草芽孢杆菌的影响

一些中草药(如溪黄草、车前草、鱼腥草、艾叶、蒲公英、金银花、花椒、高良姜、八角、甘草、连翘、乌梅、丁香、天门冬、芦根、白术等)中含有一些抑菌成分如醛、酮、酯、醚、酸、萜类及内酯等,能对大肠杆菌、金黄色葡萄球菌、枯草芽孢杆菌、黑曲霉、米曲霉、黑

根霉、毛霉、拟青霉等起到一定的抑制或杀死的作用。不同中草药的抑菌效果不同。中草药可采取水煎、醇提、超声波、微波、CO_2 超临界等方法提取。不同提取方法所得的浸出液的抑菌效果也不同。本实验可查阅文献，自行选择中草药种类、提取方法和试验菌种，制订方案。以下仅介绍水煎芦根所得提取液对大肠杆菌、金黄色葡萄球菌、枯草芽孢杆菌的影响，供参考。

(a) 用托盘天平称取芦根 100 g，冷水浸泡 20～30 min，分别 2 次加水煎煮：第一次加水 600 mL，第二次加水 400 mL，均待水开后改用文火煮 30 min，用 4 层纱布过滤；合并 2 次滤液，除去药渣，水浴加热浓缩至 100 mL，即得到浓度为 1 g/ mL 的中药提取液。经高压蒸汽灭菌或过滤除菌后备用。可比较二者抑菌效果是否具有差异。

(b) 采用杯碟法测定提取液抑菌活性，取浓度为 2.0×10^8 CFU/mL 的各种待测菌(大肠杆菌、金黄色葡萄球菌、枯草芽孢杆菌)悬液 0.1 mL，涂布在相应凝固平板上，之后每个平板放入 2 个灭菌牛津杯，其中 1 个为平行，1 个用为对照(以无菌水为对照)。用移液枪移取芦根提取液加入牛津杯中，加样量与杯口水平为准，于 37 ℃下培养 24 h 后，移去牛津杯，测定抑菌圈直径，每组平行 3 次，取其平均值。

五、实验结果

1. 将细菌的分布结果记录于下表中。

样品来源地点	菌落数(近似值)	菌落类型(说明不同的特征，如大小、形态、干湿，颜色，边缘、透明度)	比较不同样品来源

2. 物理因素对微生物的影响

(1) 紫外线对微生物的影响

将实验结果记录于下表。

	金黄色葡萄球菌生长情况
黑纸	
未加黑纸	

(2) 氧气对微生物的影响

将实验结果记录于下表，用文字描述其生长位置(表面生长、底部生长、接近表面生长、均匀生长、接近表面生长旺盛等)，并确定给微生物的类型(有微好氧、好氧、兼性厌氧菌、专性厌氧菌、耐氧厌氧菌等类型)。

菌 名	生长位置	类型
丙酮丁醇梭状芽孢杆菌		
圆褐固氮菌		
大肠杆菌		

(3) 温度对微生物的影响

将实验结果记录于下表,比较酿酒酵母在不同温度条件下的生长状况("－"表示不生长,"＋"表示生长较差,"＋＋"表示生长一般,"＋＋＋"表示生长良好)以产气量的多少。

温 度/℃	酿酒酵母	
	生长状况	产气量
4		
20		
37		
60		

(4) pH 对微生物的影响

将实验结果记录于下表,并说明三种微生物各自的生长 pH 范围及最适 pH。

菌 名	$OD_{600\ nm}$			
	pH＝3	pH＝5	pH＝7	pH＝9
粪产碱杆菌				
大肠杆菌				
酿酒酵母				

(5) 渗透压对微生物的影响

将实验结果记录于下表,("－"表示不生长,"＋"表示生长,"＋＋"表示生长良好)。

菌 名	NaCl 浓度％				
	0.85	5	10	15	20
金黄色葡萄球菌					
大肠杆菌					
盐沼盐杆菌					

3. 化学因素对微生物的影响

消毒剂	抑菌圈直径/mm
氯化汞	
碘酒	

续 表

消毒剂	抑菌圈直径/mm
新洁尔灭	
石炭酸	
75%乙醇溶液	

4. 生物因素对微生物的影响

产黄青霉对大肠杆菌、金黄色葡萄球菌、枯草芽孢杆菌的影响。

生物因素类型	抑菌圈直径/mm		
	大肠杆菌	金黄色葡萄球菌	枯草芽孢杆菌
产黄青霉			
中草药1			
中草药2			

六、思考题

(1) 比较各种来源的样品，菌落数有无区别？为何造成这些差别？哪一种样品的平板菌落数与菌落类型最多？

(2) 通过本次实验，在防止培养物的污染与防止细菌的扩散方面，你学到些什么？有什么体会？

(3) 进行紫外线对微生物生长影响的实验时，不开皿盖就用紫外线照射是否可以？为什么？

(4) 解释不同类型微生物在琼脂深层培养基中生长位置为何不同？

(5) 人体肠道内数量最多的是哪种细菌？从人类大便中最常分离到的是什么类型的细菌？为什么？

(6) 为什么微生物最适生长温度并不一定等于其代谢或发酵的最适温度？

(7) 列举几个在日常生活中人们利用渗透压来抑制微生物生长的例子。

(8) 化学药剂对微生物所形成的抑制圈内未长菌部分是否能说明微生物细胞已被杀死？

(9) 如果在青霉素的抑菌带内隔一段时间后又长出少数菌落，你如何解释这种现象？

(10) 滥用抗生素会造成什么样的后果？原因是什么？如何解决这个问题？

(11) 根据中草药抑菌性能的实验，考虑是否可将这些中草药开发成药物或食品及化妆品防腐剂？如能，该补充做哪些实验？

实验十七 生活垃圾可发酵物降解菌的筛选

一、实验目的和内容

(1) 对生活垃圾可发酵物生物降解菌进行筛选，特别是研究其对纤维素的降解代谢能力。

(2) 对各菌株除臭效果进行比较。

二、原理

城市生活垃圾组成复杂，其可发酵物包括易腐性物质如脂肪、蛋白质以及淀粉等，还含有较多数量的纤维素类物质，这些物质特别是纤维素类物质自然发酵时间长，使垃圾处理的负荷增加。垃圾堆肥技术工艺比较简单，适合易腐有机物含量较高的垃圾处理，可利用垃圾中的部分资源组分，对环境的影响远小于露天堆放、填埋、焚烧，处理费用远低于单纯的焚烧处理。但传统的简单堆肥技术耗时长，转化率不高。因此利用微生物好氧发酵，将垃圾制成无毒无害、营养丰富、成本低且不造成二次污染的绿色有机肥，是一种非常具有前景的处理垃圾的方法。

本实验对生活垃圾可发酵物生物降解菌进行了筛选。采集垃圾填埋厂土壤，通过刚果红染色法分离出微生物，筛选出降解率及除臭率较高的菌株。刚果红是一种染料，它可以与纤维素形成红色复合物，但并不和纤维二糖、葡萄糖发生这种反应。当纤维素被降解菌中的纤维素酶分解后刚果红—纤维素的复合物就无法形成，培养基中会出现以纤维素分解为中心的透明圈。这样我们可以通过是否产生透明圈来筛选纤维素分解菌(见图 4-9)。

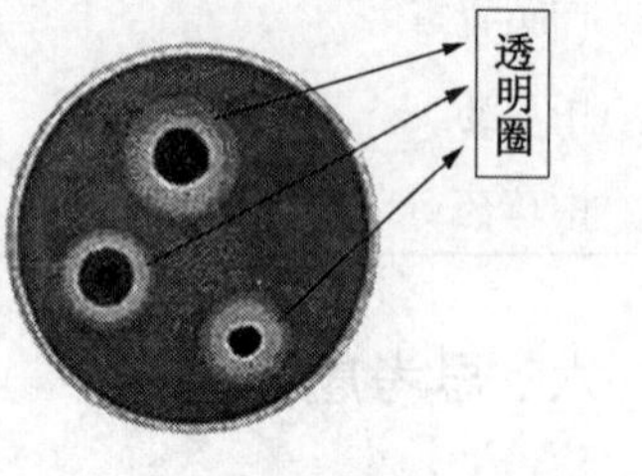

图 4-9　三种纤维素分解菌在刚果红培养基上形成的透明圈

垃圾恶臭气体是多成分低浓度的混合物，按组成可分为 5 类：① 含硫化合物，如硫化氢、二氧化硫、硫醇、硫醚；② 含氮化合物，如氨、酰胺、吲哚等；③ 卤素及衍生物，如氯气、卤代烃；④ 烃类，如烷烃、烯烃、炔烃、芳香烃；⑤ 含氧有机化合物，如醇、酚、醛酮、有机酸等。其中硫化氢(H_2S)、氨(NH_3)等是主要的臭气来源。

以铵氮含量及硫含量作为除臭效果考核指标，将上述筛选出的菌株接种于臭气提取物中。经发酵处理后，测定其铵氮含量及含硫量变化，对除臭效果进行比较。

三、仪器与药品

1. 菌种采样地点

最好是垃圾填埋厂土壤。

2. 培养基

(1) 纤维素分解菌的选择培养基：纤维素粉 5 g，$NaNO_3$ 1 g，$Na_2HPO_4 \cdot 7H_2O$ 1.2 g，KH_2PO_4 0.9 g，$MgSO_4 \cdot 7H_2O$ 0.5 g，KCl 0.5 g，酵母膏 0.5 g，水解酪素 0.5 g，蒸馏水 1 000 mL。

(2) 鉴别纤维素分解菌的培养基：CMC - Na 5～10 g，酵母膏 1 g，KH_2PO_4 0.25 g，琼脂 15 g，土豆汁 100 mL，加水至 1 000 mL。

3. 仪器

锥形瓶、无菌称量瓶、药匙、移液管、天平、摇床、温度计、培养箱、高压灭菌锅、分光光度计等。

4. 其他试剂

刚果红等。

四、实验步骤

1. 纤维素降解菌的选育

(1) 土样采集：土样的采集要选择富含纤维素的环境，这是因为在纤维素含量丰富的环境，通常会聚集较多的分解纤维素的微生物。如果找不到合适的环境，可以将滤纸埋在土壤中，过一个月左右也会有能分解纤维素的微生物生长。

(2) 选择培养：制备选择培养基。称取土样 20 g，在无菌条件下加入装有 30 mL 选择培养基的摇瓶中。将摇瓶置于摇床上，在 30 ℃下振荡培养 1～2 d，至培养基变浑浊。吸取一定的培养液(约 5 mL)，转移至另一瓶新鲜的选择培养基中，以同样的方法培养到培养液变浑浊。选择培养的目的是增加纤维素分解菌的浓度，以确保能够从样品中分离所需要的微生物。

(3) 梯度稀释：吸取 0.1 mL 选择培养后的培养基进行梯度稀释 10～10^6倍。

(4) 涂布平板：将稀释度为 10^{-4}～10^{-6} 的菌悬液各取 0.1 mL 涂布到鉴别纤维素分解菌的平板培养基上，30 ℃倒置培养，至菌落长出。每个稀释度下需涂布 3 个平板，并注意设置对照。

(5) 刚果红染色法：方法一：在长出菌落的培养基上，覆盖质量浓度为 1 mg/mL 的刚果红溶液，10～15 min 后，倒去刚果红溶液，加入物质的量浓度为 1 mol/L 的 NaCl 溶液，15 min 后倒掉 NaCl 溶液，此时，产生纤维素酶的菌落周围将会出现透明圈。方法二：在第四步之前，配制质量浓度为 10 mg/mL 的刚果红溶液，灭菌后，按照每 200 mL 鉴别纤维素分解菌培养基加入 1 mL 的比例加入刚果红溶液，混匀后倒平板。等培养基上长出菌落后，产生纤维素酶的菌落周围将会出现明显的透明圈。

(6) 纯化培养：将产生明显透明圈的菌落，挑取并接种到纤维素分解菌的选择培养基上，在 30～37 ℃下培养，可获得纯化培养。

2. 各菌株除臭效果比较

将分离出的菌种接种于臭气提取物中。经发酵处理后，测定其氨氮含量及含硫量变化。

五、实验结果

	菌落形态	透明圈大小	氨氮含量	硫含量	除臭效果评价
分离出的分解纤维素的微生物					

六、思考题

(1) 刚果红染色法中使用的两种方法各有哪些优点与不足？方法一中 NaCl 溶液的作用是什么？

(2) 不同地点采取的土样分离的结果是否一致？

(3) 选择培养基与鉴别培养基的目的有何不同？

实验十八　酸奶中混合益生菌的分离及鉴定

一、实验目的和内容

(1) 学习并掌握酸奶中益生菌的分离方法。

(2) 在显微镜下辨别不同的益生菌。

(3) 学习糖发酵实验，了解益生菌的生化特性。

二、原理

酸奶是以牛乳为主要原料，接入一定量益生菌，经发酵后制成的一种乳制品饮料。当益生菌在牛乳中生长繁殖的产酸至一定程度时，牛乳中的蛋白质就凝结成块状。酸奶营养丰富，可维护肠道菌群生态平衡，提高人体免疫功能。

酸奶中常见的益生菌有嗜热链球菌、保加利亚乳杆菌、嗜酸乳杆菌、双歧杆菌等。它们的菌落特征、显微镜形态、糖发酵实验等常常有所差异，根据这些就可将它们从酸奶中分离纯化并加以鉴定。

糖发酵实验是最常用的生化反应，在肠道细菌鉴定上尤为重要。绝大多数细菌都能利用糖类作为碳源和能源，但是它们在分解糖的能力上有很大差异，有些细菌能分解糖并产酸(如乳酸、醋酸、丙酸等)和气体(如氢、甲烷、二氧化碳等)；有些细菌只产酸不产气。例如大肠杆菌能分解乳糖和葡萄糖产酸并产气；伤寒杆菌能分解葡萄糖产酸不产气，不能分解乳糖；普通变形杆菌能分解葡萄糖产酸产气，不能分解乳糖。酸的产生可以利用指示剂来断定。在配制培养基时预先加入溴甲酚紫[pH 5.2(黄色)～6.8(紫色)]，因为溴甲酚紫在 pH 为 6.8 以上呈紫色，pH 为 5.2 以下时呈黄色。如果该菌种能够发酵糖(醇)类物质产酸的话，培养基的 pH 势必要降低，这样就会伴随着溴甲酚紫的变色(紫→黄)，所以如果糖发酵培养基变色的话，就说明这种菌有发酵该糖的特性。气体的产生可由发酵管中倒置的德汉氏小管中有无气泡来证明。

三、仪器与药品

1. 市售酸牛奶

可选择由嗜热链球菌、保加利亚乳杆菌、嗜酸乳杆菌和双歧杆菌四种混合菌发酵加工制成的酸奶。若采购不到，可选购含有其中 2～3 种菌发酵加工制成的酸奶亦可。

2. BBL 培养基

见第一章常用培养基的配制。

3. 试管培养基(A)

市售纯牛奶定量分装于试管内，在 115 ℃ 下灭菌 8 min。用于培养嗜热链球菌。

4. 试管培养基(B)

市售纯牛奶中加入 0.2%～0.5%的酵母浸粉、2%～5%的葡萄糖、0.05%的半胱氨酸，定量分装于试管内，在 115 ℃ 下灭菌 8 min。用于培养双歧杆菌。

5. 试管培养基(C)

市售纯牛奶中加入0.2%～0.5%的酵母浸粉、2%～5%的葡萄糖，定量分装于试管内，在115 ℃ 下灭菌8 min。用于培养保加利亚乳杆菌、嗜酸乳杆菌。

6. 糖发酵管基础成分

牛肉膏5.0 g、蛋白胨5.0 g、酵母浸膏5.0 g、吐温80 0.5 mL、琼脂1.5 g、1.6%溴甲酚紫酒精溶液1.4 mL、蒸馏水1 000 mL。

7. 其他药品与试剂

革兰氏染色液、0.85%生理盐水、麦芽糖、乳糖、葡萄糖、蔗糖、七叶苷等。

8. 主要仪器

恒温培养箱、厌氧培养装置(厌氧罐)、冰箱、吸管、三角瓶、平皿、试管、德汉氏小管、接种环和涂布棒、天平、高压蒸汽灭菌锅、电炉、超净工作台及显微镜等。

四、实验步骤

1. 倒平板

将乳酸菌分离用的BBL培养基完全熔化并冷却至45 ℃ 左右倒平板，冷凝待用。

2. 嗜热链球菌、保加利亚乳杆菌、嗜酸乳杆菌、双歧杆菌的分离和纯化

将待分离的酸奶用生理盐水稀释至10^{-7}。取其中的10^{-6}、10^{-7}两个稀释度各0.1 mL，用无菌涂布棒均匀涂布于BBL平板培养基上，放至厌氧罐内，置于37 ℃恒温箱内培养以获得单菌落。72 h后取出，观察菌体形态，并挑取不同菌落特征的菌进行革兰氏染色镜检。菌落光滑、湿润、边缘整齐、呈针尖状圆点、乳白或微白色，且镜检结果为细胞呈卵圆形，成对或形成长链，将其鉴别为嗜热链球菌；中等大小、扁平光滑、微白色、湿润、边缘不整齐，如棉絮或似绒毛状菌落，且镜检结果为细胞两端钝圆，呈细杆状，单个或成链，将其鉴别为保加利亚乳杆菌；菌落粗糙、无色素、表面呈颗粒状、边缘不整齐，且镜检结果为细胞两端钝圆，呈杆状，单个或成双或成短链，部分细胞形状变得不规则，将其鉴别为嗜酸乳杆菌；菌落中等大小、表面光滑凸起、边缘整齐呈灰白色、质地柔软、细腻，且镜检结果为着色不均匀，出现“Y”或“V”型的分叉，或棍棒状、勺状、弯曲状等多形态的杆菌，将其鉴别为双歧杆菌。然后再将分离出的四种单一菌株分别移入各自适合的试管培养基(A、B、C)中，最终选出凝乳效果好的菌管作为菌种进行保藏。

3. 各菌种的糖发酵实验

(1) 按糖发酵管基础成分配方表称量，并混合溶解，分装成每10 mL 1管，按0.5%加入所需糖类(麦芽糖、乳糖、葡萄糖、蔗糖、七叶苷)，混匀(若需观察产气反应，在小管内另放置德汉氏小倒管)。于115 ℃下灭菌15 min。

(2) 用接种环以无菌操作挑取上述菌种穿刺接种。置于37 ℃下的CO_2培养箱中培养2～3 d。观察培养基变色及产气情况。

五、实验结果

(1) 绘制所分离的乳酸菌菌落形态及镜检形态图。

微生物名称	菌落形态	镜检绘图
嗜热链球菌		
保加利亚乳杆菌		
嗜酸乳杆菌		
双歧杆菌		

(2) 将各菌种的糖发酵实验结果填入下表,用"+"、"−"、"*d*"表示。

鉴定项目	嗜热链球菌	保加利亚乳杆菌	嗜酸乳杆菌	双歧杆菌
发酵麦芽糖				
发酵乳糖				
发酵葡萄糖				
发酵蔗糖				
发酵七叶苷				
发酵葡萄糖产生 CO_2				

注:"+"表示 90%以上菌株阳性;"−"表示 90%以上菌株阴性;"*d*"表示 11%～89%菌株阳性。

六、思考题

(1) 请谈谈嗜热链球菌、保加利亚乳杆菌、嗜酸乳杆菌和双歧杆菌在培养条件、培养特征及生理上的异同点。

(2) 如何利用乳酸菌的生化特性来鉴定嗜热链球菌、保加利亚乳杆菌、嗜酸乳杆菌和双歧杆菌这四种菌?

(3) 糖发酵实验是微生物生理生化反应的一部分,请查阅资料,了解微生物生理生化反应有哪些?

实验十九　杀虫微生物——苏云金芽孢杆菌的发酵生产

一、实验目的和内容

(1) 学习苏云金芽孢杆菌(简称 Bt)发酵生产的基本方法、发酵过程中的中间检测方法、苏云金芽孢杆菌粉剂的产品检测。

(2) 熟悉实验室发酵罐及其相关设备的使用和操作。

(3) 学习发酵液对鳞翅目害虫的标准生物测定方法。

二、原理

近年来,针对化学农药日渐凸显的种种弊端,国内外生物农药的研发和应用发展迅速。已研制出一系列选择性强、效能高、无污染的生物农药。其中苏云金芽孢杆菌是研究很深入、开发历史较长、应用最为广泛、用量最大和效果最好的一类生物杀虫剂。苏云金芽孢杆菌是好氧的革兰氏阳性细菌,是包括许多变种的一类产晶体芽孢杆菌,可用于防治直翅目、鞘翅目、双翅目、膜翅目,特别是鳞翅目的多种害虫。它在适宜的条件下能够利用廉价的农副产品迅速地生长,并能在较短的时间内产生杀灭很多农林业害虫的产物,发酵产物对人类及经济动植物无害,发酵液经济型化后可作为生物杀虫剂使用。苏云金芽孢杆菌的杀虫机理是在其芽孢形成过程中,同时也形成了具有杀虫活性的伴孢晶体,称为杀虫晶体蛋白(Insecticidal crystal proteins,ICPs)或δ-内毒素,昆虫摄取晶体蛋白后在昆虫中肠的碱性环境中被激活,破坏害虫中肠细胞而使其慢性中毒死亡。

苏云金芽孢杆菌的工业生产主要分为菌种培养、发酵、浓缩(离心或板框过滤)、干燥、剂型化、产品检验六道程序。目前,苏云金芽孢杆菌的大规模生产主要采用液体深层发酵。液体深层发酵是在液体培养基内部进行的微生物培养过程,液体深层发酵是现代发酵工业中使用的主要发酵形式。但固态发酵是苏云金芽孢杆菌生物农药生产的一种新方式。相较于液体发酵,具有培养基对环境污染少、易处理、能源消耗量低、技术设备简易、产物浓度高、后处理方便等优点。作为一项新型技术,固态发酵还存在着很大的发展空间。无论是液体发酵还是固态发酵,都需注意培养基中营养物质、pH、温度、含氧量的控制。对于苏云金芽孢杆菌的发酵生产,还需注意噬菌体的长期污染会降低产量。

三、仪器与药品

1. 菌种

苏云金芽孢杆菌(*Bacillus thuringiensis*,B. t.)菌种斜面。

2. 培养基

(1) 牛肉膏蛋白胨培养基。

(2) 液体种子培养基:胰蛋白胨 0.5%,酵母膏 0.5%,葡萄糖 0.1%,K_2HPO_4 0.08%,蒸馏水配制,灭菌前用 1%NaOH 调 pH 7.0。

(3) 液体发酵培养基:胰蛋白胨 1.0%,玉米粉 0.5%,酵母膏 0.2%,葡萄糖 0.5%,K_2HPO_4 0.1%,KH_2PO_4 0.1%,pH 7.0~7.2。

(4) 发酵罐培养基:豆饼粉 3.5%,玉米淀粉 1.25%,酵母粉 1%,K_2HPO_4 0.13%,$MgSO_4$ 0.02%,$CaCl_2$ 0.008%,$MnSO_4$ 0.008%。

3. 生物测定供试虫

棉铃虫(*Helicoverpa armigera*)初孵幼虫。

4. 生物测定感染饲料

黄豆粉 8 g、酵母粉 4 g、抗坏血酸 0.5 g、36%乙酸 1.3 mL、琼脂粉 1.8 g、苯甲酸 0.1 g、苯甲酸钠 0.3 g。

5. 生物测定缓冲液

NaCl 0.85 g、K_2HPO_4 0.6 g、KH_2PO_4 0.3 g、1%吐温-80 1 mL。

6. 其他试剂

6%乳糖溶液、0.1 mol/L HCl、丙酮。

7. 用具

三角瓶(100 mL、1 000 mL 和 3 000 mL)、显微镜、血细胞计数板、恒温摇床、离心机、精密 pH 试纸、干燥箱、5 L 发酵罐等。

四、实验步骤

1. 种子制备及检测

将保藏的菌种接于牛肉膏蛋白胨培养基斜面上,28~30 ℃培养 14~16 h 活化。用接种环取一环活化的菌种接入含有 20 mL 牛肉膏蛋白胨液体培养基的 100 mL 三角瓶中,于摇床 250 r/min,30 ℃下培养 6~10 h 作为一级种子。亦可于活化后每管菌中加入 5 mL 无菌水,制成的菌悬液作为一级种子。

种子的检测 (1) 涂片镜检:无杂菌污染,形态正常,生长整齐的种子液为合格。(2) 悬液法检测:大部分菌体运动缓慢或即将停止运动,为合适的移种时间。(3) 噬菌体检测:针状噬菌斑不超过 3 个为合格。达到以上标准即可用于移种。

将培养好的一级种子按 10%接种量转移到含 200 mL 液体种子培养基的 1 000 mL 三角瓶中,于摇床 250 r/min, 30 ℃下培养 8~12 h。

2. 实验室小规模扩大摇床培养

将培养好的种子,按 5%接种量转移到含 800 mL 液体发酵培养基的 3 000 mL 三角瓶中,摇床 30 ℃下培养 12~16 h,定时取样镜检,分别用涂片、悬滴法检测菌体形态并计数。当培养至绝大部分芽孢形成,20%~40%孢囊破裂释放出芽孢和伴孢晶体,菌数在 20 亿~25 亿/mL 左右时停止发酵。

3. 小型发酵罐发酵

(1) 按照发酵罐培养基配方及发酵液体积(一般按发酵罐体积的 70%计) 准确称量全部材料,加水待无机盐全部溶解后,调 pH 至 8.0。

(2) 将制备好的培养基倒入发酵罐中,再按一定比例加入微量消泡剂(如 0.03%~0.05%泡敌),0.1 MPa,121 ℃ 灭菌 30 min。

(3) 待发酵罐中的培养基冷却至 30 ℃,在罐盖上作接种用的接口处点燃火焰,以无菌操作把一级种子液迅速接入罐内。接种量约 5%~10%,发酵条件为:发酵温度 28~31 ℃,搅拌转数 600~900 r/min,通气量 1∶0.6~1∶1.2 vvm,发酵时间约 30 h 左右。

4. 发酵罐发酵过程的中间检测及发酵终止

发酵过程中每隔 4~6 h 取样,测定 pH,并涂片染色后用显微镜观察菌体生长发育形态,芽孢开始形成时记录同步率。当发酵液 pH 达 8.0 以上,培养至绝大部分芽孢形成,

20%～40%孢囊破裂释放出芽孢和伴孢晶体，菌数在 20 亿～25 亿/mL 左右时停止发酵。

5. 发酵液的杀虫活性测定(生物测定)

准确取一定量的发酵液，用生物测定缓冲液将发酵液分别稀释 100 倍、150 倍、225 倍、338 倍和 506 倍 5 个浓度，每一浓度吸取 3 mL 与 27 mL 感染饲料充分混匀，倒 24 孔生测板，每块板挑入 24 头孵化不超过 12 h 且未取食、健康活泼的幼虫，设两个重复；并设自然死亡率对照，置于 30 ℃恒温箱中饲养，72 h 后检查其死亡数，计算死亡百分率和毒力回归方程式，求出发酵液对棉铃虫的半致死浓度(LC_{50})。

6. 苏云金芽孢杆菌粉剂的制备

(1) 板框过滤：发酵结束，等罐压到零后打开罐盖，将填充料(碳酸钙)倒入罐内，搅拌均匀后，将发酵液压入板框，此时注意控制压力。压滤完毕后进行吹干，取出滤饼置烘干盘上 50～60 ℃下烘干至水分达 4%以下。

(2) 简单制备法：取出发酵液，用 0.1 mol/L HCl 调 pH 至 5.0 左右。将以上发酵液 4 000 r/min 离心 20 min，获得芽孢、晶体蛋白等沉淀物，将其移入蒸发皿中，于 50～60 ℃下烘干，备用。

(3) 乳糖丙酮沉淀法制备粉剂

将上述沉淀转至烧杯中，并悬浮于约为原液量$\frac{1}{2}$的 6%乳糖溶液中，同时用玻棒用力搅拌 20～30 min。徐徐加入乳糖悬液 4 倍量的丙酮，边加边搅拌即有沉淀析出，静置使完全沉淀。抽滤去除丙酮，沉淀可再用少量丙酮洗 2～3 次，进一步去除杂质。将沉淀物置蒸发皿中真空干燥，或在 50～60 ℃下进行烘干，将其在研钵中磨碎便制成菌粉，其细度标准通常为 100 目过筛率达 95%以上。

7. 产品检测

产品的指标为每克干粉制剂中所含芽孢数目。检测活芽孢数可用平板菌落计数法或血细胞计数板法。

(1) 稀释菌液的制备：将菌粉 0.5 g 放入装有灭菌玻璃珠的 250 mL 三角瓶内，加入 50 mL 无菌水，在摇床上振荡 15 min，使其均匀分散。样品即被稀释 100 倍(10^{-2})，然后继续用 10 倍稀释法稀释至 10^{-8}。

(2) 倾注平板记数法：用无菌吸管分别吸取 10^{-6}、10^{-7}、10^{-8} 稀释液各 0.2 mL，置于灭菌平皿中，再倒入熔化至 45 ℃左右的灭菌牛肉膏蛋白胨琼脂培养基，轻轻摇匀使成含菌平板，冷凝后倒置于 30 ℃恒温箱中培养。每个梯度平行三次。24 h 后取出计数菌落，一般选择菌落在 30～300 个的平板计数，再以下式换算出每克菌粉的活芽孢数。

$$活芽孢数/g=菌落数目\times 5\times 稀释倍数$$

(3) 血细胞计数板法：吸取高稀释度的菌液在血细胞计数板中进行芽孢计数，菌液浓度以计数板内每小格有 3～4 个芽孢为宜。详细操作方法参阅实验八。

五、注意事项

严格无菌操作。以免污染杂菌。为防止噬菌体污染。可将一级种子于 75 ℃下水浴 20 min 以杀死噬菌体。

六、实验结果

(1) 制表或图示发酵过程中菌体生长、pH、温度、溶解氧、搅拌速度及通风量的变化情况。

(2) 发酵液的杀虫活性测定结果。

(3) 苏云金芽孢杆菌粉剂产品检测结果。

七、思考题

(1) 商品苏云金芽孢杆菌制剂在生产防治中有哪些局限性?

(2) 苏云金芽孢杆菌的杀虫机理是什么?

(3) 苏云金芽孢杆菌如何复壮?

(4) 苏云金芽孢杆菌的发酵属于好氧发酵还是厌氧发酵?发酵过程中的通风和搅拌起到什么作用?如何通过发酵过程提高苏云金芽孢杆菌的杀虫毒力?

实验二十　活性污泥絮状体及其生物相的观察

一、实验目的和内容

(1) 了解活性污泥的概念及作用。

(2) 了解活性污泥的生物相组成。通过观察活性污泥絮状体及生物相,能初步判断生物处理系统运转是否正常。

二、原理

活性污泥(active sludge)是微生物群体及它们所依附的有机物质和无机物质的总称(见图 4-10)。活性污泥的生物相主要包括细菌、原生动物、真菌、后生动物等。其中,细菌和原生动物是主要的两大类。活性污泥主要用来处理污废水。活性污泥絮状体一般呈黄褐色,因水质不同也有呈深灰、灰褐、灰白等色。颗粒大小约0.02～0.2 mm,表面积为20～100 cm^2/mL,比重约1.002～1.006。发育良好的成熟污泥具有一定的形状,结构稠密,折光率强,沉降性能好。当水质条件或曝气池环境条件发生变化时,活性污泥中的生物相也会随之发生变化,以原生动物最为敏感。当固着型纤毛虫占优势时,一般认为污水处理系统运转正常,而后生动物轮虫等大量出现时,则意味着污泥极度老化;缓慢游动或匍匐前进的生物出现时,说明污泥正在恢复正常状态,而丝状微生物的优势生长,甚至伸出絮绒体外,则是污泥膨胀的象征。因此观察活性污泥絮状体及其生物相,可初步判断生物处理系统运转是否正常。

图 4-10　活性污泥絮状体

三、仪器与药品

(1) 材料:活性污泥取自污水处理厂曝气池。

(2) 用具：100 mL 量筒、显微镜、目镜测微尺、载玻片、盖玻片、滴管、镊子等。

四、实验步骤

(1) 肉眼观察：将曝气池混合液倒入 100 mL 量筒内，直接观察活性污泥絮状体外观，记录 30 min 沉降体积。

(2) 制片镜检：滴曝气池混合液 1～2 滴于载玻片上，加盖玻片制成水浸片在低倍镜或高倍镜下观察菌胶团及其生物相。

① 活性污泥菌胶团：指所有具有荚膜或黏液或明胶质的絮凝性细菌互相絮凝聚集形成的菌胶团块。注意观察其形状大小、稠密度、折光性、游离细菌多少等。

② 原生动物：观察其外形并绘图，初步鉴定所属类别。

③ 后生动物：观察其形态特征并绘图，初步鉴定所属。

④ 丝状微生物：观察有多少丝状微生物，有无伸出絮状体外，优势种是哪一类等。

五、实验结果

(1) 描述活性污泥絮状体外观，记录 30 min 沉降体积。

(2) 记录活性污泥絮状体生物相组成。

六、思考题

根据你的结果，请初步判断该污水处理厂曝气池生物处理系统运转是否正常？

实验二十一　内生真菌的分离和鉴定

一、实验目的和内容

(1) 了解内生真菌的概念和作用；熟悉从植物中分离和鉴定内生真菌的基本方法。

(2) 从意大利白杨(或其他木本等样品)中分离能利用纤维素并积累油脂的内生真菌。

(3) 对利用纤维素并产油脂的意杨内生真菌进行筛选与鉴定。

二、原理

植物内生真菌(endophytic fungi)是指在生活史中的某一个阶段存在于健康植物组织内部，不会引起宿主明显病症或者对宿主造成明显伤害的真菌，包括一些在生活史的某一阶段表面生的腐生菌、潜伏性病原菌和菌根菌。

内生真菌的作用：(1) 可以产生多种生长调节物质如植物生长赤霉素、细胞激动素等，可直接促进宿主植物的生长。在低水平氮源的土壤中，可增加宿主对氮元素的吸收。(2) 增强宿主植物的抗逆性，即增强对生物胁迫（食草动物、昆虫、病原菌）及非生物胁迫(高温、干旱、高盐等）的抗性。(3) 内生真菌可以产果胶酶、木聚糖酶、纤维素酶、漆酶等，在降解植物残体方面也发挥着重要作用。(4) 可产生一些有用产物，如抗癌药物(紫杉醇和长春新碱等)、杀虫剂和油脂等。文献表明从红豆杉中分离到的部分内生真菌菌株能分泌紫杉醇；从长春花中分离到部分内生真菌菌株能产长春新碱类似物；从伏卧白株树中分离的内生真菌中发现了两种香豆素类化合物，对云杉蚜虫具有毒性，可以开发成杀虫剂。微生物油脂（microbial oils），又称单细胞油脂（SCO＝single cell oil）。在一定的条件下，很多微生物如细菌、霉菌、酵母菌及藻类等可在菌体内产生大量油脂，有的干菌体含油量高达60％以上。过去曾因为技术和经济原因，单细胞油脂很少有规模化生产的报道。但是随着工业生物技术的发展，微生物油脂发酵从原材料到过程都不断取得新进展。美国国家可再生能源实验室（NREL）已指出微生物油脂发酵可能是生物柴油产业和生物经济的重要研究方向。大部分微生物油脂的脂肪酸组成和一般植物油相近，以碳和碳系脂肪酸，如油酸、棕榈酸、亚油酸和硬脂酸为主。微生物油脂发酵周期短，不受场地、季节、气候变化等的影响，一年四季除设备维修外，都可连续生产，而且产油微生物菌种资源丰富，能利用和转化各种农林废弃木质纤维素原材料，对农业大国具有特殊的意义。因此，开辟微生物油脂这一新的油脂资源的开发和研究，不仅丰富了传统的油脂工业技术，而且也将是工业化生产油脂的一个重要途径。近些年来开发新的微生物资源，如内生真菌进行油脂生产也成为一个热点。本实验以从意大利白杨中分离并鉴定能利用纤维素并积累油脂的内生真菌为例，让学生熟悉分离和鉴定内生真菌的基本方法。

内生真菌的鉴定主要采用形态学方法，即以真菌的形态特征（如菌落大小、颜色、表面特征等）辅以生理生化指标为基础，借助于光学仪器、电子显微镜等，对真菌的菌丝、产孢结构和孢子的形态结构与显微特征进行观察与比较，从而进行分类鉴定。但上述方法通常需要较长的时间，要进行大量的形态学观察和繁琐的生理生化实验。由于某些真菌属、种之间的形态学或生理生化差异极不显著，而且形态特征有时还会受环境因素的影响，因此采用传统的方法对内生真菌进行分类鉴定比较困难，这时需要用到分子生物学鉴定方法，其中rDNA序列分析是真菌现代分类鉴定的重要组成部分。

三、仪器与药品

1. 植物样品

意大利白杨（*Populus euramevicana*）样品可采自市郊。

2. 培养基

（1）马铃薯葡萄糖琼脂（PDA）液体及固体培养基。（2）产脂培养基：PDA液体培养基和30 g葡萄糖。（3）羧甲基纤维素钠（NaCMC）液体及固体培养基：NaCMC 10 g，$(NH_4)_2SO_4$ 4 g，$MgSO_4 \cdot 7H_2O$ 0.5 g，KH_2PO_4 2 g，蛋白胨 1 g，蒸馏水1 000 mL，自然 pH。121 ℃湿热灭菌20 min。固体培养基加20.0 g琼脂。

3. 试剂的配制

（1）植物外植体的消毒试剂：70％的酒精，0.1％的升汞。

（2）抽提缓冲液：取8.181 6 g NaCl，2 g 十二烷基磺酸钠（SDS），pH 8.0的500 mmol/L乙二胺四乙酸（EDTA）10 mL，pH 8.0的1 mol/L Tris－HCl 5 mL，加双蒸水至100 mL；5×CTAB：取5 g 十六烷基三甲基溴化铵（CTAB），5.844 g NaCl，pH 8.0的500 mmol/L EDTA 10 mL，pH 8.0的1 mol/L Tris－HCl 25 mL，加双蒸水至100 mL。

（3）苏丹黑染液：苏丹黑B（Sudan black B）0.3 g溶于100 mL 70％乙醇溶液，混合后用力振荡，放置过夜备用。

4. 主要仪器

超净工作台、高压蒸汽灭菌锅、电子显微镜、PCR 仪。

四、实验步骤

1. 内生菌分离

意大利白杨茎段、鲜嫩叶片经过自来水冲洗三次后，在超净台上用 70% 的酒精消毒 1 min，0.1% 的升汞消毒 10 min，无菌水冲洗多次，叶片剪成 0.5 cm×0.5 cm 的大小，茎每段 0.5 cm 长，置于 PDA 培养基上于 27 ℃下培养，待截断处菌丝长出，挑取菌丝转入另一含 PDA 培养基的培养皿内，27 ℃下恒温培养，之后转接到 PDA 培养基或含白杨组织浸汁的 PDA 培养基上观察培养性状，待菌丝长满皿后，根据生长及培养性状，部分需放入 4 ℃ 冰箱中诱导产孢，4～6 个月观察产孢结构。为了检查表面消毒是否彻底，将上述同样条件处理过的茎段和叶片不作切割直接置于 PDA 平皿上，在相同的条件下培养，结果对照用的茎段和叶片周围无任何菌长出，证明分离到的菌是内生菌，而不是表面的附生菌。

2. 降解纤维素菌株的初步筛选

将分离得到的内生真菌用点植法(即用接种针在固体培养基表面接触几点)接种到 CMC 平板上，观察各菌在平板上的生长情况，测量菌落直径。

3. 产油脂菌株的初步筛选

真菌油脂含量的初步检测：取摇瓶培养的菌丝少许，置 10 mL 的小烧杯中，吸干液体培养基，加入苏丹黑染液 1～2 mL 于室温染色 5 min，取出菌丝于水中洗涤 5 min，挑取菌丝制作临时装片，镜检观察菌丝内油脂小滴的数量、大小、着色深浅情况。

4. 油脂含量测定

将分离纯化获得的菌种转移至新斜面上，28 ℃下培养 5 d，倒入无菌水，用接种铲刮取菌丝，转移至含 50 mL 产脂液体培养基的 250 mL 三角瓶中，28 ℃、150 r/min 摇瓶培养 10 d。纱布过滤收集菌体，用蒸馏水充分洗涤，60 ℃下烘干，称重。索氏抽提法测定油脂含量。抽提前后烘干滤纸包重量的差值即粗脂肪重量。油脂重量与干菌体的重量之比即油脂含量。

5. 筛选菌种的分类鉴定

根据降解纤维素菌株的初步筛选和菌株的油脂含量测定综合结果，选择能利用纤维素又能积累油脂的内生真菌。

筛选菌种的初步分类鉴定：参照《真菌鉴定手册》方法。观察平板上的菌落形态，电子显微镜下观察菌丝体大小、形状、表面特征及是否有横隔，孢子大小、形状、类型、颜色等，对照确定菌株的种属地位。

筛选菌种的分子鉴定：

(1) 菌丝体的获得：菌种从 4 ℃冰箱中取出转接到 PDA 斜面，25 ℃生长 3 d，倒入无菌水，刮取菌丝，转接入 PDA 液体培养基，25 ℃，120 r/min 发酵培养3 d，在超净台里过滤菌丝，用灭菌双蒸水冲洗 3 次，灭菌滤纸吸干水分，放灭菌离心管中于－20 ℃冰箱冻存。

(2) 提取菌体基因组 DNA

① 取 1 g 左右冻存菌丝，加液氮研磨，将磨碎菌粉放入 50 mL 灭菌离心管中，称重，按 3 mL 抽提液/g 菌粉的量，在超净台里往离心管中添加在 65 ℃水浴锅中预热的抽提缓冲液，

用封口膜封口，65 ℃水浴 1 h，其间每隔 3 min 轻轻摇晃一次，水浴过后取出离心管，将管中的菌液分成等体积的两份放于灭过菌的eppendorf管中，一份于－20 ℃冻存，一份用于下一步实验。

② 将用于实验的 eppendorf 管中的菌液分成等体积的两份，于 10 000 rpm 离心 5 min，取上清液，加入等体积的 65 ℃预热的 5×CTAB，轻轻颠倒混匀，65 ℃水浴 10 min，降至室温，再将 eppendorf 管中的菌液分成等体积的两份，加入等体积酚、氯仿和异戊醇的混合液（三者体积比为 25：24：1），轻轻颠倒混匀，10 000 rpm 离心 10 min，吸取上清液，弃下层有机相及中层蛋白，加入等体积氯仿、异戊醇混合液（二者体积比为 24：1），轻轻颠倒混匀，10 000 rpm 离心 10 min，取上清液，重复加氯仿、异戊醇混合液（二者体积比为 24：1）混匀离心这一步骤，直至界面清晰，没有蛋白层出现为止。

③ 在最终的上清液中加入等体积的异丙醇，充分混匀，10 000 rpm 离心10 min，弃上清液，用 70%酒精轻洗沉淀 2 次，倒掉酒精，然后再用无水酒精轻洗沉淀 1 次，倒掉酒精后在室温下干燥 20～30 min，最后加 50 μL 无菌水溶解沉淀。最终得到该菌的 DNA 提取液。

④ PCR 扩增 18S～28S rDNA 的 ITS 区段：PCR 引物为通用引物：上游引物 ITS_5（5'-GGAAGTAAAAGTCGTAACAAGG－3'）和下游引物 ITS_4（5'-TCCT CCGCTTATT-GATATGC－3'）。引物由可生物公司合成。该对引物用于扩增 ITS1、5. 8 S 和 ITS2 的完全序列以及 18 S、28 S 的部分片段。反应体系：10×PCR buffer 5 μL，2. 5 mmol/L dNTP 1 μL，ITS4，ITS5 各 4 μL，25 mmol/L $MgCl_2$ 4 μL，DNA 模板 5 μL，Taq 聚合酶 0. 5 μL，加 ddH_2O 至 50 μL。PCR 扩增条件：94 ℃预变性 5 min，94 ℃变性 1 min，61 ℃退火 1 min，72 ℃延伸 1 min，35 个循环，最后 72 ℃延伸 10 min。

⑤ ITS 序列的电泳检测：取 5 μL 扩增产物经 1%琼脂糖凝胶电泳，EB 染色，紫外检测。

⑥ ITS 序列的测序及比对：纯化及测序由可生物公司完成。用 BLAST 程序对测得的 ITS 序列和 Genebank 中已登录的 ITS 序列进行核苷酸同源性比较，用 ClustalX1. 8 软件包排序，用 MEGA2 软件包中的 Kimura2-Parameter Distance 模型计算进化距离，用 Neighbor-Joining 法构建系统发育树，1 000 次随机抽样，计算 Bootstrap 值以评估系统发育树的置信度，并计算各菌株的相似百分比。

五、实验结果

将分离到的内生真菌情况填入下表：

分离到的内生真菌	降解纤维素情况	油脂含量情况	形态	鉴定结果

六、思考题

(1) 本实验为什么要分离出的内生真菌能利用纤维素？

(2) 为什么 CMC 平板能用来分离筛选具有高纤维素酶活性的菌株？

(3) 菌种鉴定有哪些方法？细菌的鉴定与真菌一样吗？

(4) 内生真菌的种类很多，用途广泛，请结合本实验并查阅资料，设计一个实验，如何从一种药用植物中分离内生真菌？如何检验这些内生真菌是否具有产生药用成分的能力？

实验二十二　传统酱类食品的微生物状况分析

一、实验目的和内容

(1) 了解酱类食品的微生物状况，从微生物指标上对自然发酵酱类食品的安全性做出评价，并为制定其卫生指标提供依据。

(2) 锻炼学生自已查阅文献和设计实验的能力。

二、原理

酱类包括大豆酱、蚕豆酱、面酱、豆瓣酱、豆豉及其加工制品，都是由一些粮食和油料作物为主要原料(豆类或小麦)，利用以米曲霉为主的微生物经发酵酿制的半固体黏稠的调味品。主要有豆酱(黄酱)和面酱(甜面酱)两种，并可以以这两种酱为基料调制出各种特色衍生酱品，如各种花色酱。如花生酱是以花生仁为主要原料，加入或不加入辅料、稳定剂而制成的。芝麻酱是以纯芝麻（纯芝麻仁)、芝麻（仁）与花生仁或葵花籽仁混合物为原料，或再加入食用植物固体脂，食品添加剂等制成的黏稠状或凝固状的食用调味品。酱类发酵制品营养丰富，易于消化吸收，既可作小菜，又是调味品，具有特有的色、香、味，价格便宜，是一种受欢迎的大众化调味品。

为全面了解传统酱类食品的微生物状况，本实验要求学生从市场上购买的已经商品化的不同的自然发酵酱类食品。对其菌落总数、大肠菌群和致病菌等一系列微生物指标进行较全面地检测，目的是从微生物指标上对自然发酵酱类食品的安全性作出评价，并为制定其卫生指标提供依据。

三、仪器与药品

学生从市场上购买的已经商品化的不同的自然发酵酱类食品，如豆酱、甜面酱、花生酱和芝麻酱等。选取的产品以塑料袋包装，保质期一般 12 个月。实验所采用的样品均在保质期内。自行查阅相关文献找出所需仪器与药品。

四、实验步骤

学生可自行查阅相关文献，设计实验进行测定。以下可作为参考：

参照国标测定以下指标：

① 采用平板计数法测定菌落总数；② 乳酸菌数；③ 霉菌和酵母计数；④ 蜡样芽孢杆菌检验；⑤ 金黄色葡萄球菌检验。

五、实验结果

设计表格，将不同的自然发酵酱类食品的微生物状况测试结果列于表中。

六、注意事项

学生查阅相关文献时尽量找正规的可靠的文献，如相关国家标准或图书馆中的资源。

七、思考题

请从微生物指标上对你测定的自然发酵酱类食品的安全性作出评价，并为制定其卫生指标提出你的意见。

参考文献

[1] 沈萍,陈向东. 微生物学实验[M]. 第四版. 北京:高等教育出版社,2007.

[2] 四川大学化工学院,浙江大学化学系. 分析化学实验[M]. 第三版. 北京:高等教育出版社,2003.

[3] 钱存柔,黄仪秀. 微生物学实验教程[M]. 第二版. 北京:北京大学出版社,2008.

[4] 杨文博. 微生物学实验[M]. 北京:化学工业出版社,2004.

[5] 沈萍. 微生物学[M]. 第二版. 北京:高等教育出版社,2006.

[6] 陈金春,陈国强. 微生物学实验指导[M]. 北京:清华大学出版社,2005.

[7] 徐威. 微生物学实验[M]. 北京:中国医药科技出版社,2004.

[8] 徐虹,李霜,陆利霞,等. 微生物学实验教学讲义[M]. 南京工业大学,2005.

[9] 黄秀梨,辛明秀. 微生物学实验指导[M]. 第二版. 北京:高等教育出版社,2008.

[10] 周德庆,徐德强. 微生物学实验教程[M]. 第三版. 北京:高等教育出版社,2013.

[11] 夏佩莹,黄升海. 医学微生物学实验教程[M]. 安徽:安徽科技出版社,2004.

[12] 刘静波. 食品科学与工程专业实验指导[M]. 北京:化学工业出版社,2010.

[13] 汪天虹. 微生物分子育种原理与技术[M]. 北京:化学工业出版社,2005.

[14] 诸葛健. 工业微生物资源开发应用与保护[M]. 北京:化学工业出版社,2002.

[15] 洪坚平,来航线. 应用微生物学[M]. 北京:中国林业出版社,2005.

[16] 章银良. 食品检验教程[M]. 北京:化学工业出版社,2006.

[17] 汪东风. 食品质量与安全实验技术[M]. 北京:中国轻工业出版社,2004.

[18] 戴莲韵,王学聘. 苏云金芽孢杆菌研究进展[M]. 北京:科学出版社,1997.

[19] 闫淑珍,陈双林. 微生物学拓展性实验的技术与方法[M]. 北京:高等教育出版社,2012.

[20] 陈珊. 微生物学实验指导[M]. 北京:高等教育出版社,2011.

[21] 赵斌. 微生物学实验教程[M]. 北京:高等教育出版社,2013.

[22] Norrell, S. A. (2003)Microbiology Laboratory Manual,2nd Edn[M]. Pearson Education, Inc, New Jersey.

[23] Hurst,C. J. ,Crawford,R. L. ,Knudsen,G. R. ,et al. (2002)Manual of Environmental Microbiology, 2nd Edn [M]. ASM Press,Washington D C.

[24] Prescott,L. ,Harley,J. P. and Klein,D. A. (2004)Microbiology,4th Edn[M]. McGraw-Hill Higher Education,Columbus,OH.

[25] Moat,A. G. ,Foster,J. W. and Spector,M. P. (2002)Microbiol Physiology,4th Edn [M]. Wiley-Liss, New York.

[26] Waites,M. J. ,Morgan,N. L. ,Rockey,J. S. et al. (2001)Industrial Microbiology: An

Introduction [M]. Blackweel Scientific Publishing, Oxford.
[27] Kavanagh, K. (2005) Fungi: Biology and Applications[M]. John Wiley.
[28] Ge X C, Wu J Y. Tanshinone Production and Isoprenoid Pathways in Salvia miltiorrhiza hairy roots induced by Ag^+ and yeast elicitor[J]. Plant Sci, 2005, 168:487－491.
[29] Ravishankar G A, Rao S R. Biotechnological Production of Phytopharmaceuticals [J]. Biochem Mol Biol Biophys, 2000, 4:73－102.
[30] Sudhir Kumar, Koichiro Tamura, Ingrid B., et al. MEGA2.0: Molecular Evolutionary Genetics Analysis Software. Bioinformatics (submitted). 2001.
[31] 姜宝娟.产油内生真菌的筛选及利用木质纤维素产微生物柴油研究[D].南京师范大学,2009.
[32] 谭文辉,李燕萍,许杨.微生物原生质体制备及再生的影响因素[J].现代食品科技,2006,22(3):263－264.
[33] 张恒,张应杰,陆昌龙.生活垃圾可发酵物降解菌的筛选[J].安徽农业科学,2005,33(10):1895－1896,1978.
[34] 辛若竹,丁梅,孟宪志,等.活性酸乳中每种益生菌总数的同时计数法[J].食品科学,2008,29(4):244－248.
[35] 张帆,王建华,刘立恒,等.嗜酸乳杆菌的培养条件及其生物学特性[J].食品与发酵工业,2005(3):43－46.
[36] 黄良昌,吕晓玲,姚秀玲,等.保加利亚乳杆菌浓缩培养的研究[J].中国乳品工业,2002,30(1):12－15.
[37] 孙剑秋,周东坡.微生物原生质体技术[J].生物学通报,2002,37(7):9－11.
[38] 张小林,周美华,李茂康.综合性、设计性实验教学改革探索与实践[J].实验技术与管理,2007,24 (7):94－96.